O EDIFÍCIO E SEU ACABAMENTO

Blucher

HÉLIO ALVES DE AZEREDO

*Assistente Docente da disciplina Prática de Construção Civil,
na Escola Politécnica da Universidade de São Paulo;
Professor Titular da disciplina Construção de Edifício,
da Faculdade de Engenharia São Paulo;
Ex-professor Associado do Centro Estadual de Educação
Tecnológica Paula Souza;
Diretor Técnico de Divisão do Quadro do Departamento de Obras
Públicas do Estado de São Paulo.*

O EDIFÍCIO E SEU ACABAMENTO

O edifício e seu acabamento
© 1987 Hélio Alves de Azeredo
1ª edição – 1987
14ª reimpressão – 2018
Editora Edgard Blücher Ltda.

Blucher

Rua Pedroso Alvarenga, 1245, 4º andar
04531-934 – São Paulo – SP – Brasil
Tel.: 55 11 3078-5366
contato@blucher.com.br
www.blucher.com.br

É proibida a reprodução total ou parcial por quaisquer meios sem autorização escrita da editora.

Todos os direitos reservados pela Editora Edgard Blücher Ltda.

Dados Internacionais de Catalogação na Publicação (CIP)
(Câmara Brasileira do Livro, SP, Brasil)

Azeredo, Hélio Alves de
  O edifício e seu acabamento / Hélio Alves de Azeredo – São Paulo: Blucher, 1987.

  Bibliografia.
  ISBN 978-85-212-0042-0

  1. Construção 2. Construção – Detalhes 3. Edifícios I. Título.

05-0868   CDD-698

Índices para catálogo sistemático:
1. Edifícios: Acabamento: Construção civil   698

CONTEÚDO

Capítulo 1 - INSTALAÇÃO ELÉTRICA PREDIAL

Projeto	1
Diagramas	1
Rede pública	3
Caixas de luz	4
Distribuição	4
Eletrodutos ou conduítes	4
Caixas de passagem	7
Fiação	9
Roldanas	11
Emendas e isolação de condutores	13
Fuga ou vazamento de energia	18
Pára-raios	19

Capítulo 2 - INSTALAÇÕES HIDRO-SANITÁRIAS

Projeto	23
Cuidados gerais	23
Águas pluviais	25
Coleta ou captação	26
Calhas	26
Rincões	28
Bandeja	28
Buzinote	28
Bocais	29
Curvas	29
Funil	29
Condutores	29
Água fria	30
Suprimento	30
Ramal de alimentação predial	30
Reserva	31
Reservatório elevado	32
Instalação elevatória	32
Rede de distribuição predial	33
Água quente	34
Esgoto sanitário	34
Instalações prediais de esgotos sanitários – terminologia	34
Aparelhos sanitários	34
Caixa coletora	34
Caixa de gordura	34
Caixa de inspeção	34
Caixa sifonada seca	34

Caixa sifonada com grelha 35
Coletor predial. 35
Coluna de ventilação 35
Desconector 35
Despejos 35
Fecho hídrico 35
Peça de inspeção 35
Ramal de descarga 35
Ramal de esgoto 35
Ramal de ventilação 35
Ralo 35
Sifão sanitário 35
Sub-coletor 35
Tubo de queda 35
Tubo ventilador 35
Princípios gerais 37
Ramais de descarga 37
Ramais de esgoto 38
Tubos de queda 39
Ventilação 39

Capítulo 3 - **ESQUADRIAS**

Esquadrias e caixilhos 41
Abertura e localização 41
Componentes da porta 42
Contra-batente 43
Batente 45
Aduela 45
Guarnição 45
Sôcolo 47
Batedeira ou mata-junta 47
Folha 47
Janelas 50
Batente 50
Vidraça 51
Venezianas 53
Persianas 54
Esquadrias metálicas 54
Ferragens 56
Dobradiça 56
Fechadura 58
Contratesta 59
Espelho 60
Rosetas 60
Maçanetas 61
Puxadores 61
Ferrolho 62
Rodízio 62
Cremona 63
Tarjetas 63

Carrancas ... 63
Fixadores ou prendedores ... 64

Capítulo 4 - **ARGAMASSA**

Argamassa ... 65
Traço ... 66
Dosagem ... 66
Resistência ... 67
Granulometria ... 67
Classificação das argamassas ... 67
Argamassa de aderência ... 67
Argamassa de junta ... 68
Argamassa de regularização – emboço ... 68
Argamassa de acabamento – reboco ... 69

Capítulo 5 - **REVESTIMENTO DE PAREDE**

Normas gerais ... 70
Revestimentos argamassados ... 71
Chapiscado ... 71
Emboço ... 71
Reboco ou fino ... 73
Barra lisa de cimento ... 74
Estuque lúcido ... 75
Massa raspada ... 75
Massa tipo travertino ... 76
Massa lavada ... 76
Granilito ... 76
Revestimentos não argamassados para paredes ... 76
Revestimento de azulejos ... 77
Revestimento de pastilhas ... 85
Revestimento de pedras naturais ... 86
Revestimento de mármore e granito polido ... 89
Revestimento de madeira ... 90
Revestimento de plásticos ou vinílicos ... 92
Revestimento de papel ... 93
Revestimento de placas de cortiça ... 94

Capítulo 6 - **PAVIMENTAÇÃO**

Conceito ... 95
Compatibilidade ... 95
Adequação ... 95
Aspectos psicológicos ... 95
Economia ... 95
Qualidades gerais da pavimentação ... 95
Resistente ao desgaste ao trânsito ... 96
Apresentar atrito necessário ao trânsito ... 96
Higiênico ... 96
Econômico ... 96
Fácil conservação ... 96

Inalterabilidade	96
Decorativo	96
Classificação	96
Execução	97
Soalho de tábua corrida	98
Tabeira	101
Tacos	101
Tacos assentes com argamassa	101
Tacos assentes com cola	103
Parquete	103
Cerâmicas	103
Cacos cerâmicos	105
Ladrilhos hidráulicos	106
Pedras naturais	106
Mármore	106
Caco de mármore	107
Granito polido	107
Pavimento de rocha natural	107
Pavimento de mosaico português	108
Rocha artificial – granilito	108
Concreto polido	109
Pavimentos sintéticos	109
Placa de PVC	111
Dados técnicos	111
Utilização básica	111
Aplicação	112
Manta de PVC	112
Dados técnicos	112
Utilização básica	112
Aplicação	112
Forração têxtil agulhada	113
Dados técnicos	113
Utilização básica	114
Aplicação	114
Placa de borracha sintética	114
Dados técnicos	114
Utilização básica	114
Aplicação	115
Aplicação da placa argamassada	115
Aplicação da placa colada	115
Pavimento vinil amianto	115
Fabricação	115
Utilização básica	115
Aplicação	116
Instruções para manutenção	116
Reviflex Bouclê	116
Utilização básica	116
Especificação	116
Propriedades	116
Aplicação e limpeza	117

Pavimento fenólico melamínico tipo Formiplac, Fórmica, etc. ... 117
Características gerais ... 117
Aplicação ... 117
Características específicas ... 117
Pavimento de vidro ... 118
Pavimento têxtil ... 118

Capítulo 7 - **FORRO**

Definições ... 119
Classificação ... 119
Forro de madeira ... 119
Forro de estuque ... 122
Forro metálico ... 123
Estrutura de sustentação ... 123
Tratamento de superfície ... 124
Iluminação ... 124
Tratamento acústico ... 124
Elementos complementares e acessórios ... 124
Bandejas ... 124
Estruturas de sustentação ... 124
Propriedades, características ... 124
Forro de PVC ... 125
Tarugamento ... 125
Propriedades físicas ... 125
Propriedades químicas ... 125
Resistência ao fogo ... 125
Forro de fibra ... 126
Sistema de aplicação ... 126
Acabamento ... 126

Capítulo 8 - **VIDRO**

Calço ... 127
Carrô ... 128
Contravento ... 128
Domo de vidro ... 128
Encosto ... 128
Envidraçamento ... 128
Folhas ... 129
Gaxeta ... 130
Identificação ... 130
Laboração ... 130
Marcos de esqueleto ... 130
Marcos de pinças ... 130
Massa ... 130
Colchão ... 131
Cordão ... 131
Moldura ... 132
Pavê de vidro ... 132
Pinásio ... 132
Rebaixo ... 132

Vidraça 132
Vitral 132
Vitrina 133
Cristal 133
Liso 133
Impresso. 133
Classificação 133
Vidro recozido. 134
Vidro de segurança 134
Vidro de segurança temperado 134
Vidro de segurança laminado 134
Vidro de segurança aramado 134
Vidro termoabsorvente 134
Vidro composto 134
Vidro transparente. 134
Vidro translúcido 135
Vidro opaco 135
Vidro liso. 135
Vidro polido 135
Vidro impresso. 135
Vidro fosco 135
Vidro espelhado 135
Vidro gravado 135
Vidro esmaltado 135
Vidro termo-refletor 135
Projeto. 136
Vidro a ser usado 136
Colocações auto-portantes 136
Necessidade de contraventamento. 138
Manipulação e armazenamento. 139
Esforços solicitantes 140
Dimensionamento. 141
Disposições construtivas 144
Envidraçamento. 144
Recomendações 146

Capitulo 9 - **PINTURA**

Classificação 149
Pintura arquitetônica 149
Pintura de manutenção 149
Pintura de comunicação 149
Tintas miscíveis em água 150
Tintas miscíveis em solvente 150
Constituintes das tintas 150
Constituintes dos vernizes e esmaltes 150
Constituintes das lacas 150
Tintas miscíveis em água — base de cal 152
Têmpera. 154
Base de cimento 154
Tintas de caseína 154

Emulsões betuminosas 154
Emulsões de polímeros (látex) 155
Tintas diluíveis em solventes 157
Solventes 157
Secantes 158
Pigmentos 159
Cargas 159
Tinta à base de óleo 159
Pintura simples de óleo 159
Pintura fina de óleo 160
Tinta a óleo em madeira 160
Tintas em peças metálicas 160
Vernizes naturais 160
Vernizes de resinas alquídicas 161
Lacas 162
Betumes 162
Resinas sintéticas em solução 162
Resinas vinílicas 162
Borracha sintética 163
Recobrimento de neoprene 163
Borracha clorada 163
Resinas de uréia e melamina 163
Resina epóxi 164
Resinas de silicone 165
Resinas fenólicas 165
Resinas de poliacrílico 165

Capítulo 10 - **ORÇAMENTO**

Preço unitário 166
Taxas das leis sociais e ferramentas – LSF 166
Taxas de benefícios e despesas indiretas – BDI 168

Capítulo 11 - **LESÕES DAS EDIFICAÇÕES**

Conceito 169
Categorias de lesões 169
Lesão por adaptação ou acomodação 169
Lesão por recalque 170
Lesão por esmagamento ou compressão 170
Lesão por rotação 172
Lesão por escorregamento do plano de assentamento 173
Trincas e suas causas em vigas, pilares e lajes de concreto-armado 173

Capítulo 1
INSTALAÇÃO ELÉTRICA PREDIAL

PROJETO

Os projetos de instalação elétrica predial são uma das etapas mais importantes da construção. Uma instalação mal dimensionada, mal executada, apesar de ser empregado material de 1ª qualidade, pode acabar gerando grandes despesas futuras e até acidentes de grandes proporções como incêndios.

DIAGRAMAS

Não vamos aqui nos preocupar com o projeto propriamente dito, mas sim com os cuidados que se deve ter na sua execução. Os projetos de instalações elétricas são representados por diagramas (plantas) onde configuram a instalação global ou parte dela, por meio de símbolos gráficos; assim para um projeto de instalação elétrica predial podemos apresentar os seguintes diagramas:

a) unifilar
b) funcional
c) multifilar
d) distribuição

Diagrama unifilar – apresenta partes principais de um sistema elétrico e identifica número de condutores, seus trajetos, por um único traço. Geralmente representa a posição física dos componentes da instalação. Exemplo: interruptor, tomada, lâmpada, eletroduto, etc.; porém não representa com clareza o funcionamento e a seqüência funcional dos circuitos (Fig. 1.1).

Diagrama funcional – apresenta todo o sistema elétrico e permite interpretar com rapidez e clareza o funcionamento ou seqüência funcional dos circuitos, não se preocupando com a posição física dos componentes da instalação (Fig. 1.2).

Diagrama multifilar – apresenta todo o sistema elétrico em seus detalhes e representa todos os condutores. Não traz informação quanto a posição entre os componentes do circuito. É usado somente para circuitos elementares, pois é difícil a interpretação quando o circuito é complexo (Fig. 1.3).

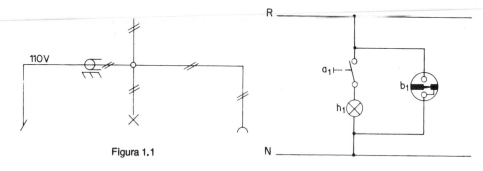

Figura 1.1

Figura 1.2

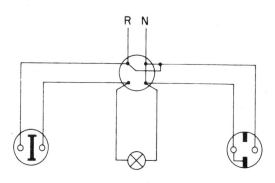

Figura 1.3

Diagrama de distribuição – é um diagrama unifilar que permite interpretar com extrema rapidez a distribuição dos circuitos e dispositivos, ou seja, o funcionamento. Para a execução de uma instalação elétrica, dois aspectos são fundamentais para o eletricista. O primeiro é a localização dos elementos na planta, quantos fios passarão em determinado eletroduto e qual o trajeto da instalação. O segundo é o funcionamento – é a distribuição dos circuitos e dos dispositivos. Como não é possível representar ao mesmo tempo esses dois aspectos num único diagrama – sem prejudicar a clareza de interpretação de um deles (posição física ou funcionamento) – a instalação é representada por dois diagramas. Diagrama unifilar de fiação e de distribuição – essa é a finalidade da utilização de tipos diferentes de diagramas.

    A execução de um projeto de instalação elétrica predial, não é um serviço contínuo como o do pedreiro, que entra na instalação do canteiro e sai com a entrega das chaves ao proprietário; a atividade do eletricista é termitente, por partes bem definidas de como fazer, isto é:

    1) a instalação da tubulação seca na estrutura de concreto na fase de concretagem.

    2) as descidas nas alvenarias, compreendendo a marcação, rasgo e colocação dos conduítes e caixas.

Instalação elétrica predial

3) após os revestimentos concluídos, antes da pintura, a passagem da enfiação.
4) finalmente, após a pintura, a colocação dos aparelhos, tomadas, interruptores e espelhos.

REDE PÚBLICA

Características da rede pública — a rede pública geralmente fornece energia com entrada monofásica com 2 fios em fase, cor vermelha o positivo, e outro neutro (de cor azul), tendo tensão entre si de 115 ou 127 volts ou bifásica, composta de 3 fios, um neutro de cor azul e dois outros de fases de cor vermelha, fornecendo a seguinte **tensão**: neutro e fases 115 ou 127 volts (fase e fase 230 ou 220 volts).

Antes de qualquer providência, é preciso saber qual a tensão da rede pública, pois em alguns municípios o fornecimento de energia elétrica é feito exclusivamente em 220 volts, podendo ter ou não o fio neutro, dependendo do sistema elétrico da concessionária. Antes de tocar em qualquer fio, certifique-se de que ele não está energizado. O fio neutro normalmente não tem energia, isto é, não tem tensão, enquanto o fio fase, ao contrário, é um fio com energia; para identificá-los usa-se a lâmpada teste de 220 V (Fig. 1.4a, b, c).

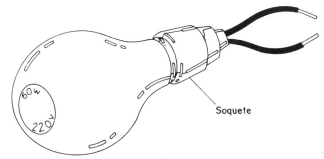

Figura 1.4a

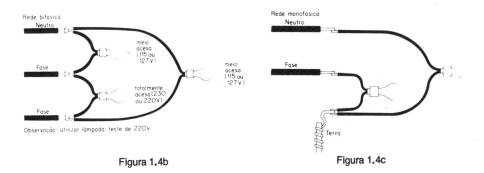

Figura 1.4b Figura 1.4c

Para identificar o fio neutro, basta usar-se o fio terra, que é uma barra metálica fincada no solo com um fio de cobre preso na extremidade superior. Utilizando a lâmpada teste de 220 volts, faz-se contato com o fio terra e um dos fios: se a lâmpada acender, significa que estamos utilizando o fio fase e, caso contrário, o fio utilizado é o neutro. Quando não temos perto o fio terra, utilizamos o conduíte ou a própria caixa, sendo ambos de metais. Para saber a tensão da rede bifásica, usamos novamente a lâmpada-teste (220V). Faz-se o contato com dois fios: se a lâmpada-teste acender totalmente, a tensão é de 220V ou 230V e, se a lâmpada ficar pouco acesa, a tensão é de 115 ou 127V.

CAIXAS DE LUZ

Instalação das caixas de luz e de distribuição – antes de fazer a ligação na rede pública, é necessário tomar algumas providências com a caixa de luz e de distribuição, sendo que a caixa de luz deverá seguir as normas da companhia concessionária, assim como estar em local visível e de fácil acesso para a leitura, pois nela é que será instalado o relógio medidor.

A caixa de distribuição também deverá obedecer as normas da companhia concessionária de energia elétrica. Deverá ser examinado nas caixas, se foram feitos todos os furos como os de passagem de eletrodutos, tubos isolantes e os furos de fixação da caixa na parede. Na instalação de chaves de faca, além do alinhamento, da firmeza da instalação, deve-se observar ainda que o peso das lâminas não provoque o fechamento das mesmas; quando tal disposição não for praticável, ou no caso de chaves de duas direções instaladas em posição vertical, deverão ser providas de meios que permitam travá-las na posição aberta. Nessa posição, as lâminas e os porta-fusíveis deverão, em princípio, ficar sem tensão elétrica. Quando não for possível deixar simultaneamente sem tensão as lâminas e os fusíveis, prefira deixar os fusíveis sem tensão. A Fig. 1.5 mostra posições certas e erradas das chaves de fusíveis de rolha e de cartucho. A caixa de luz deve ter aterramento com "eletrodo de terra", e o condutor desse aterramento deve ser, no mínimo, da mesma secção do fio fase, Fig. 1.6.

DISTRIBUIÇÃO

Atualmente nas caixas de luz e principalmente nas de distribuição, estão sendo aplicados em substituição às chaves de faca os disjuntores. Os disjuntores, normalmente operados por meios que não manuais, deverão ser providos não somente de dispositivos mecânicos que permitam a abertura e o fechamento manual como também de dispositivos de abertura livre. Os punhos, alavancas, volantes e outros meios para a manobra manual de disjuntores deverão ser facilmente acessíveis. Excetuam-se os disjuntores sem caixas de distribuição, que podem ficar ocultos quando a tampa da caixa estiver fechada. Os disjuntores de comando não manual deverão ter, intercalados entre eles e a fonte de energia, um seccionador de desligamento comprovável visualmente. Os disjuntores de comando manual poderão servir como chaves separadoras de circuitos.

ELETRODUTOS OU CONDUÍTES

Eletrodutos são tubos de metal ou plásticos rígidos ou flexíveis, utilizados para proteger os condutores contra umidade, choques mecânicos e elementos agressivos. Os eletrodutos podem ser classificados em:

Eletrodutos:
- metálicos rígidos: pesados / leves
- plásticos rígidos
- metálicos flexíveis
- plásticos flexíveis: leve / pesado

Instalação elétrica predial

1. A posição da chave: entrada e saída.

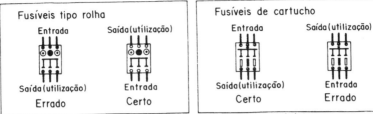

Obs.: Instalando de maneira errada, você pode levar choque quando for trocar os fusíveis, mesmo estando a chave desligada.

2. Caixa de distribuição.

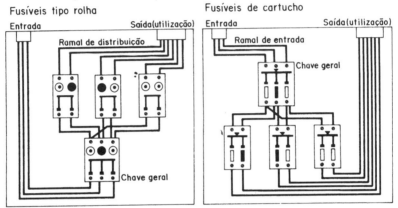

O número de chaves de distribuição depende do n° de circuitos
Obs: NÃO COLOCAR FUSÍVEL NO NEUTRO

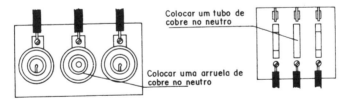

Figura 1.5

Aterramento de caixas de luz

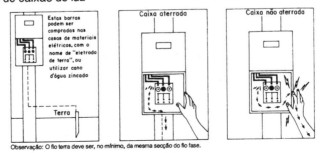

Observação: O fio terra deve ser, no mínimo, da mesma secção do fio fase.

Figura 1.6

Eletrodutos metálicos rígidos são tubos de chapa de aço, com ou sem costuras longitudinais; são pintados interna e externamente com esmalte preto ou são galvanizados; estes são muitos utilizados em instalações aparentes, podendo ter secção quadrada ou retangular, além da circular.

Os pesados têm a parede metálica de espessura maior e seu diâmetro mínimo é de 5/8", com comprimento da barra de 3 metros, em cujas extremidades vêm rosca e uma luva de tarraxa (esses eletrodutos permitem fazer rosca através de tarraxa enquanto que os leves não permitem). Havendo necessidade de se fazer uma curva, esta deve ser feita a frio e com ferramenta apropriada ou seja, um dobra tubos, Fig. 1.7; na falta deste e havendo necessidade de se fazer curvas, pode-se encher o conduíte com areia e, com o apoio do pé, fazer a curva. A areia é necessária para evitar o estrangulamento da secção.

O eletroduto leve não permite fazer rosca com tarraxa devido a pequena espessura da chapa com que é confeccionado o eletroduto. Os eletrodutos metálicos, de modo geral, quando serrados devem ser limpos, e retiradas as rebarbas externas e internamente com lima redonda, para evitar o decapamento dos condutores na fase da enfiação. Os eletrodutos leves têm o diâmetro mínimo de 1/2" e o comprimento de 3 metros. Os eletrodutos metálicos rígidos devem ser fixados nas caixas de passagem de luz, tomadas e interruptores, através de bucha e arruela, para que o condutor fique preso à caixa e eliminar novas arestas que poderão na etapa da enfiação estragar o isolamento do condutor (Fig. 1.8).

Arruelas e bucha para eletrodutos roscados — as mais comuns são roscadas. São fabricadas em aço, alumínio ou plástico.

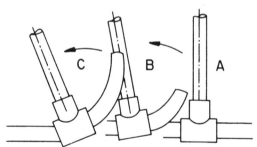

Figura 1.7

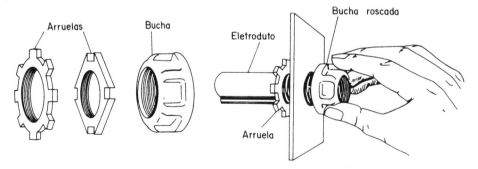

Figura 1.8

Instalação elétrica predial

Metálicos flexíveis – esses eletrodutos são formados por uma cinta de aço galvanizado enrolada em espirais, sobrepostas e encaixadas de tal forma que o conjunto proporcione boa resistência mecânica e grande flexibilidade. São geralmente utilizados para ligações de motores, chuveiros, duchas, etc. e onde haja necessidade de fazer curvas externas (expostas).

Plásticos rígidos – estes eletrodutos são fabricados com derivados de petróleo e são isolantes à eletricidade, não sofrem corrosão nem são atacados pelos ácidos. São fabricados em varas de 3m e seus diâmetros correspondem ao da tabela dos eletrodutos metálicos rígidos. Geralmente, um dos extremos é de diâmetro expandido como se fosse uma luva, para melhor introdução de outro eletroduto mediante pressão e cola. Quando houver necessidade de curvá-los, é necessário aquecer para moldá-los na curvatura desejável. Esse aquecimento não pode ser feito diretamente numa chama de lamparina. A desvantagem desses eletrodutos é não possuírem rosca nos terminais de encaixe nas caixas para colocação de arruelas e bucha, o que dá sem dúvida, maior rigidez ao conjunto eletroduto-caixa.

Plásticos flexíveis – são eletrodutos com paredes corrugadas em forma de espirais, que permitem enorme flexibilidade. No comércio encontram-se dois tipos: leve e pesado. O leve tem paredes do tubo interna como externamente corrugadas em forma de espiral, enquanto que o pesado tem espiras somente externamente, Fig. 1.9. O leve, tendo espiras na fase interna, dificulta a passagem dos fios, assim não deve ser usado em pisos, pois devido à sua enorme flexibilidade, pode estrangular a secção do eletroduto no momento de colocar concreto para o contrapiso, dificultando posteriormente a enfiação. Portanto, o eletroduto tendo o interior liso e com maior espessura de parede, facilita a passagem dos fios.

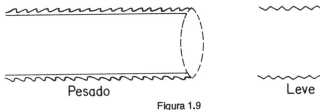

Figura 1.9

Um grande problema em conseqüência da aplicação de eletrodutos plásticos, sejam rígidos ou flexíveis, é quando se for fixar armários ou quadros em parede e não se sabe onde passa o eletroduto, podendo então ser perfurado, decapar o condutor e provocar um curto-circuito. Apesar desse problema, o emprego do eletroduto plástico tem inúmeras vantagens, como seja: preço, facilidade de manejo, rapidez de execução etc.

CAIXAS DE PASSAGEM

As caixas para tomadas, interruptores, passagem de fios de luz podem ser de chapa metálica pintada com esmalte preto ou neutro ou ser de plástico. As caixas de passagem e de luz que ficam nos forros são sextavados com fundo removível, enquanto que as utilizadas para fixação de tomadas e interruptores têm a forma quadrada ou retangular, sem fundo removível.

Na localização das caixas para fixação de tomadas, o centro da caixa deve ficar uns 30 cm acima do piso, em locais isentos de umidade. Em caixas fixadas no piso, as mesmas devem ser especiais e com tampa metálica rosqueada.

A atividade do Engenheiro Construtor, dentro da obra, começa na fiscalização do local de todas as caixas de passagem, dos pontos de luz na forma, assim como verificar se elas têm proteção contra a penetração da nata de cimento, que poderá obstruir as entradas dos eletrodutos no interior da caixa; para tal, deve-se colocar papel amarrotado. Em seguida, conferir a locação das descidas na alvenaria e passagem nas vigas, procurando ver se o eletroduto tem comprimento suficiente para fazer emendas. Nas descidas, os rasgos na alvenaria de tijolo de barro cozido maciço (caipira) devem ser de diâmetro pouco maior que o eletroduto e pouco profundo para evitar que as caixas de tomadas e de interruptores fiquem muito enterradas com relação à face acabada do revestimento da parede, permitindo que se encaixem sem muita folga.

Sua perfeita fixação completa-se, colocando-se alguns pregos inclinados nos tijolos, de maneira a ter o eletroduto perfeitamente preso à alvenaria (Fig. 1.10).

Caso em que a descida se faça não em tijolos maciços mas em tijolos furados ou em blocos de cimento, o rasgo das descidas já não é possível ser perfeito (será excessivamente largo e profundo) e o eletroduto não terá perfeita fixação, ficará com excessiva folga, portanto, balançando dentro do rasgo, precisando calços com cacos de tijolos ou de blocos e enchimento com argamassa (Fig. 1.11), não permitindo dimensionar a profundidade das caixas e dos eletrodutos dentro do rasgo da alvenaria,

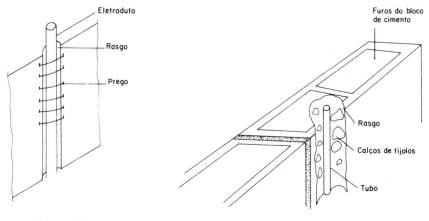

Figura 1.10   Figura 1.11

para que o acabamento final do revestimento da parede faceie com as bordas das caixas (Fig. 1.12), e fazendo com que as "orelhas" das caixas não fiquem muito profundas e o interruptor ou tomada para ser fixado necessite de parafusos compridos especiais e não fixando bem a peça na caixa. Verificar também se os terminais dos eletrodutos junto às caixas possuem arruela e bucha, o que dará fixação maior ao conjunto eletroduto-caixa (Fig. 1.13).

Os terminais dos eletrodutos e caixas devem ser protegidos da entrada de sujeira, respingos de argamassa, etc. e para tanto calafetamos com a introdução de papel amarrotado. Eventualmente, a marcação e os rasgos se fazem após o revestimento grosso (emboço), o que não é aconselhável, pois ao fazê-lo o revestimento do lado oposto ao corte e também a alvenaria irão enfraquecer a sua aderência, devido às pancadas da marreta sobre a talhadeira não utilizada ou aplicada corretamente.

A talhadeira deve estar bem afiada e inclinada 45° em relação ao prumo da parede (Fig. 1.14a). O que ocorre, geralmente, é a aplicação da talhadeira quase que perpendicular (Fig. 1.14b). A marcação deve ser sempre feita antes de se abrir os rasgos e seguindo sempre o projeto, considerando a estética, economia de material e as recomendações do Código de Instalações Elétricas.

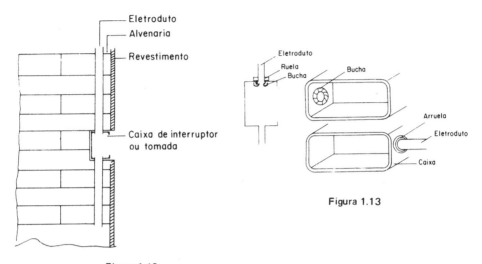

Figura 1.13

Figura 1.12

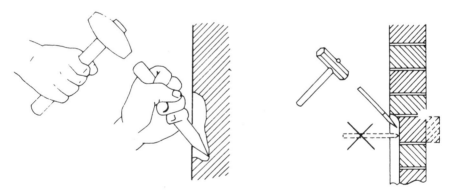

Figura 1.14a   Figura 1.14b

FIAÇÃO

O material condutor que se constitui dos fios e cabos, isolados ou não, são apresentados em fios simples ou de vários fios, constituindo um condutor. Com um fio o condutor é denominado fio rígido (Fig. 1.15a), e com vários fios é denominado cabo (Fig. 1.15b), podendo ser de cobre, que é o mais comum ou alumínio, empregado nas redes.

Figura 1.15a   Figura 1.15b

O cabo pode ser singelo (simples) ou múltiplo, isto é, formado de diversos condutores (Fig. 1.16).

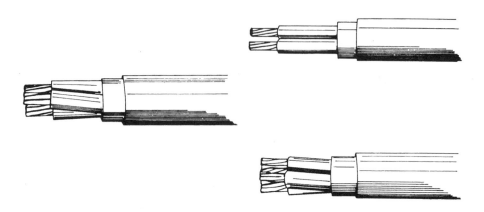

Figura 1.16

Os condutores feitos de cobre podem ser: *Cobre duro* – tem alta resistência à tração, sem importar com a flexibilidade, muito empregado em linhas de transmissão de tração elétrica (trens, ônibus elétrico, metrô, etc). *Cobre semi-duro* – possui certa flexibilidade; muito usado nas linhas de distribuição urbana de energia elétrica. *Cobre mole ou recosido* – boa flexibilidade; uso geral para instalações elétricas residenciais e industriais e cordões para eletrodomesticos.

Na instalação normal de uma casa, os condutores podem ser divididos em trechos, cada um com uma bitola de fio (Fig. 1.17):

a) Ramal de entrada
b) Ramal de distribuição
c) Circuito do aparelho

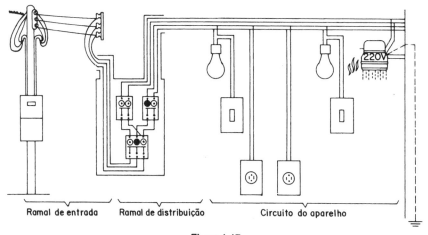

Figura 1.17

Antes de qualquer enfiação embutida, toda a tubulação deverá ser limpa e seca, e desobstruída de qualquer corpo estranho no seu interior que possa prejudicar a passagem dos fios. Para facilitar a enfiação, os condutores deverão ser lubrificados com talco ou parafina, não sendo aconselhável empregar outros lubrificantes como sabão, etc.

A enfiação deverá ser executada antes da pintura, ou seja, após o revestimento completo das paredes, tetos e pisos. Todas as emendas dos condutores serão feitas nas caixas, não sendo permitidas, em nenhuma hipótese, emendas dentro dos eletrodutos.

Para condutores de bitola 8,36mm e maiores, as emendas serão feitas através de conectores de pressão, sem soldas. A enfiação, após concluída, deverá apresentar uma resistência de isolamento mínimo de 100 megaohms entre condutores e entre estes e a terra.

Nenhuma tubulação (eletroduto) deverá conter mais que 6 fios em média.

ROLDANAS

Enfiação aberta em clites ou em roldanas: clites-isoladores, prensa-fios ou clites são peças em porcelana ou plásticos utilizados em instalações de linha aberta (fora dos eletrodutos) onde os condutores ficam a vista. Existem dois tipos de clites: para três fios e para dois fios (Fig. 1.18).

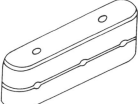

Figura 1.18

Nas instalações em linhas abertas com clites, devem-se observar os seguintes cuidados ou recomendações:

1) altura mínima 3m do piso, excetuando-se o caso em que a linha seja fixada diretamente ao forro do compartimento, com pé direito de no mínimo 2,50m.

2) Nas instalações sobre paredes ou quaisquer outras superfícies, os condutores devem manter permanentemente os seguintes afastamentos mínimos:

	Condutores entre si	Entre condutor e superfície ou objetos estranhos
até 300 volts	60 mm	12 mm
de 300 a 600 volts	100 mm	25 mm

3) A maior distância permissível entre clites é de 1,50m (Fig. 1.19).

4) As emendas dos condutores, tanto em prolongamento quanto em derivação, devem ter afastamento entre clites de mais ou menos 10 cm (Fig. 1.20).

5) Nas ligações aos aparelhos e dispositivos, deve-se amarrar os fios para não forçar o borne de ligação (Fig. 1.21).

6) Nas curvas, os clites devem estar afastados aproximadamente 10 cm (Fig. 1.22).

7) Quando a linha é esticada e presa no madeiramento do telhado, os condutores junto às clites, devem ser enrolados em espiras, para evitar que o condutor se rompa com o movimento da estrutura do telhado (Fig. 1.23).

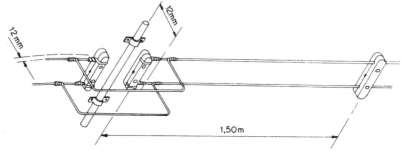

Figura 1.19

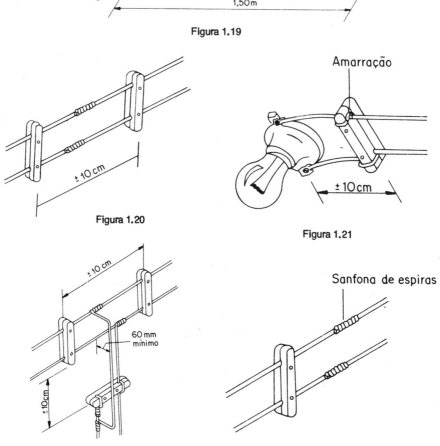

Figura 1.20

Figura 1.21

Figura 1.22

Figura 1.23

Instalação elétrica predial

Roldana – peça de porcelana de forma cilíndrica com uma reentrância para alojar o condutor e furo central para o parafuso de fixação. Sua utilização é limitada para tensões até 600 volts (Fig. 1.24). As recomendações são as mesmas feitas para as instalações em clites.

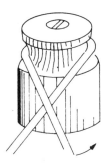 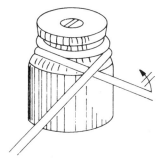 

Figura 1.24

1) Enlace com o condutor, o gorne (reentrância) da roldana, deixando no extremo um comprimento livre de aproximadamente 6 vezes o diâmetro do gorne.

2) Enlace novamente o gorne da roldana com o extremo livre e passe-o por baixo do condutor.

3) Enrole uma das 6 espirais do extremo livre no condutor; aperte ligeiramente as espirais, com alicate.

EMENDAS E ISOLAÇÃO DE CONDUTORES

Como fazer emendas e isolação de condutores:

Em derivação – esta operação consiste em unir o extremo de um condutor (ramal) numa região intermediária qualquer do outro condutor (rede) para tomar uma alimentação elétrica. Emprega-se em todos os tipos de instalações, com condutores de até 10 AWG, ou 5,26 mm (Figs. 1.25 até 1.32).

Emendas em derivação: unir o extremo de um condutor (ramal) numa região intermediária do outro (rede).

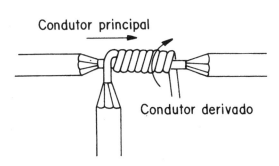

Figura 1.25

Processo de execução

1º passo – Desencape os condutores
a) Desencape o extremo do condutor derivado, num comprimento aproximado de 50 vezes seu diâmetro.
b) Desencape o outro condutor, na região onde se efetuará a emenda, num comprimento aproximado de 10 vezes o seu diâmetro.
Observação: o canivete não deve atingir o condutor.

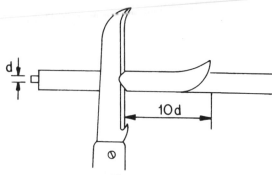

Figura 1.26

2º passo – Limpe os condutores nas regiões desencapadas, usando as costas do canivete e depois lixe-as.

Observação: quando o condutor for estanhado, não deve ser raspado e nem lixado.

Figura 1.27

3º passo – Enrole o extremo do condutor derivado sobre o principal.

a) Cruze o condutor a 90º com o principal e segure-os com o alicate universal.

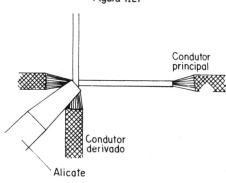

Figura 1.28

b) Enrole à mão o condutor derivado sobre o principal, (Fig. 1.29) mantendo as espirais uma ao lado da outra, e no mínimo de 6 espirais. (Fig. 1.30).

Figura 1.29   Figura 1.30

Instalação elétrica predial

c) Aperte com outro alicate as espirais e arremate a última.

Observação: as espirais não devem ficar sobre o isolante do condutor.

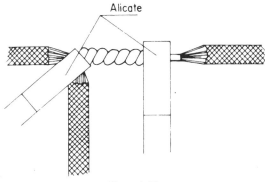

Figura 1.31

Em prolongamento – consiste em unir fios condutores, podendo ser utilizado em todos os tipos de instalações de linha aberta com condutores de até 10 AWG, ou seja, 5,26mm (Figs. 1.32 a 1.43).

Emendas em prolongamento: unir fios condutores para prolongar linhas

Figura 1.32

Processo de execução

Caso 1 – Emenda em linha aberta

1º passo – Desencape os condutores.
a) Marque com um canivete, sobre o extremo a emendar, uma distância aproximadamente de 50 vezes o diâmetro (d) desse condutor. (Fig. 1.33).

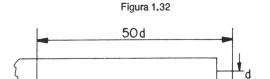

Figura 1.33

b) Desencape as pontas a partir das marcas até retirar toda a capa isolante (Fig. 1.34).

Observação: use o canivete de forma inclinada para não danificar o condutor.

Figura 1.34

2º passo – Lixe o condutor até que o metal fique brilhante. (Fig. 1.35).

Observação: quando o condutor for estanhado não deve ser lixado.

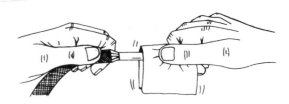

Figura 1.35

3º passo – Efetue a emenda
a) Cruze as pontas (Fig. 1.36)

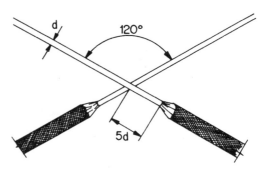

Figura 1.36

b) Inicie o enrolamento das primeiras espiras com os dedos (Fig. 1.37) e prossiga com o alicate (Fig. 1.38).

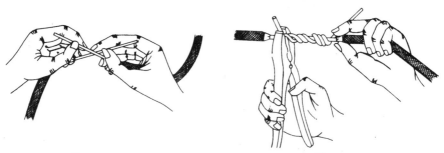

Figura 1.37   Figura 1.38

c) Dê o aperto final com dois alicates. (Fig. 1.39)

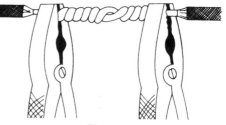

Figura 1.39

Instalação elétrica predial

Emendar condutores em prolongamento dentro de caixas de ligação

1º passo – Desencape os condutores
a) Marque em cada um dos condutores, a partir das extremidades, uma distância aproximadamente de 50 vezes o diâmetro do condutor.

b) Desencape as pontas a partir das marcas até retirar toda a capa isolante.

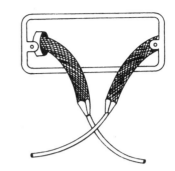

Figura 1.40

2º passo – Lixe os condutores até que o metal fique brilhante.

Observação: quando o condutor for estanhado, não deve ser lixado.

3º passo – Disponha os fios

Figura 1.41

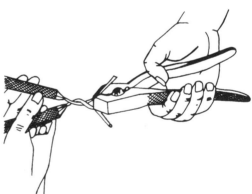

4º passo – Efetue a emenda.
a) Inicie a emenda torcendo os condutores com os dedos.

b) Dê o aperto final com o alicate.

Figura 1.42

c) Faça o travamento da emenda.

Nota: este tipo de emenda é denominado de "rabo de rato".

Figura 1.43

FUGA OU VAZAMENTO DE ENERGIA

A instalação elétrica pode apresentar fuga ou vazamento de energia, como ocorre durante o vazamento de água de uma torneira defeituosa. É fácil verificar a existência desse defeito. Basta fazer o seguinte: 1º) desligue todos os interruptores. 2º) deixe todos os aparelhos ligados nas tomadas, mas com os botões desligados. 3º) aguarde uns 10 minutos. 4º) verifique se o disco do medidor (relógio) está girando. Obs.: Não desligue as chaves de fusíveis. Verifique se realmente não há algum aparelho ligado. 5º) se o disco do medidor continuar girando é porque existe vazamento ou fuga de energia.

Passo seguinte: desligue da tomada aparelho por aparelho e verifique se o medidor continua girando a cada aparelho desligado, até encontrar aquele com defeito, podendo, em alguns casos, encontrar mais de um. Caso todos os aparelhos estejam desligados das tomadas e o medidor continuar girando, o defeito, então, é da instalação que tem emendas e isolamentos mal feitos, fios descascados etc. Nesse caso, fazer revisão geral na instalação.

Equilíbrio da potência por circuito – a potência elétrica em cada circuito é a soma das potências indicadas nas lâmpadas e nos aparelhos elétricos ligados a esse circuito.

Quando o circuito está mal dimensionado ou utilizado inadequadamente, isto é, sobrecarregando uma tomada com "benjamins" ligados a vários aparelhos elétricos etc., poderá causar defeitos, como queima constante de fusíveis, aquecimento excessivo dos condutores, ou o não funcionamento perfeito dos aparelhos. Para detectar esse desequilíbrio, fazer o seguinte: ligar todos os aparelhos nos locais onde normalmente são utilizados, desligar uma das chaves-fusíveis de distribuição de um circuito e, em seguida, verificar quais os aparelhos que estão funcionando e quais os que não estão, encontrando assim uma lista como a do exemplo da Fig. 1.44. Repetir a mesma operação para a chave-fusível de distribuição do circuito seguinte e anotar na lista.

2. Potência por circuito

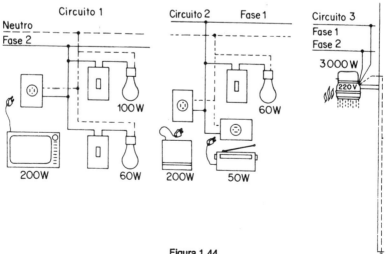

Figura 1.44

Instalação elétrica predial

Circuito 1 (110V)	
1 Lâmpada	100W
1 Lâmpada	60W
1 Televisão	200W
Total	360W

Circuito 2 (110V)	
1 Lâmpada	60W
1 Geladeira	200W
1 Rádio	50W
Total	310W

Circuito 3 (220V)	
1 Chuveiro	3.000W

Aparelhos que funcionam	
1 Televisor	200W
1 Rádio	50W
1 Lâmpada	60W
Total	310W

Aparelhos que não funcionam	
1 Geladeira	200W
1 Ferro elétrico	500W
1 Eletrola	120W
1 Liquidificador	200W
1 Ventilador	100W
5 Lâmpadas - 100W	500W
Total	1.620W

Percorridos todos os circuitos, podemos cotejar o consumo de potência de cada circuito e verificamos qual o mais sobrecarregado e o menos carregado; procure corrigir esses circuitos transferindo alguns aparelhos do circuito mais carregado para o menos carregado.

PÁRA-RAIOS

A execução da instalação de pára-raios deverá ser precedida de projeto, contendo todos os elementos necessários a um completo entendimento, utilizando-se convenções gráficas normalizadas. Do projeto deverão constar os captores, as descidas, a localização dos eletrodos de terra, todas as ligações efetuadas, as características dos materiais a empregar, bem como as áreas de proteção estabelecidas em plano vertical e horizontal. O campo de proteção oferecido por uma haste vertical é aquele abrangido por um cone, tendo por vértice o ponto mais alto do pára-raio e cuja geratriz forneça um ângulo de 60º com eixo vertical. Nenhum ponto das edificações a serem protegidas poderá ficar fora do campo de proteção.

Os mastros, quando projetados ao lado de edificações, deverão manter-se afastados de qualquer ponto delas, pelo menos 1/4 da altura máxima dessas edificações. Essa distância não poderá ser menor que 2 metros.

O campo de proteção oferecido por um fio captor é aquele abrangido por um prisma, cuja aresta superior é o fio e cujas faces adjacentes formam como plano vertical ângulos de 60º. Nas extremidades do fio, o campo de proteção é oferecido por semi-cones, de acordo com o definido anteriormente. O fio condutor inclinado, formando com a horizontal ângulo igual ou superior a 30º, não será considerado captor. Essa função será a de sua extremidade mais elevada. Quando uma edificação necessitar a instalação de 2 ou mais captores no seu dimensionamento, pode-se considerar ação recíproca, ou seja, a interação.

No caso da existência de mais de 2 captores, a determinação da interação deverá ser feita, tomando-se 2 a 2 todos os captores e obedecendo as normas da ABNT - 165. Toda a instalação de pára-raios será constituída de captores, de descidas e de eletrodos de terra.

Na execução da instalação de pára-raios, além dos pontos mais elevados das edificações, devem ser consideradas, também, a distribuição das massas metálicas, tanto exteriores como interiores, bem como as condições do solo e do sub-solo. As interligações entre as massas metálicas e os pára-raios devem ser tão curtas quanto possível. Não havendo interligações entre a instalação do pára-raios e as massas metálicas da edificação, qualquer ponto da instalação deverá estar afastada pelo menos 2 metros das massas metálicas, interiores ou exteriores do edifício, quer estas estejam ou não interligadas.

As edificações que possuírem consideráveis massas metálicas, terão seus pontos mais baixos ligados à terra. Estendendo-se as massas metálicas até o telhado ou ultrapassando-o, ligar-se-ão estes pontos mais elevados entre si e à instalação de pára-raios mais próxima.

Não é permitida a presença de materiais inflamáveis nas imediações das instalações de pára-raios.

As armaduras das construções de concreto e canalizações embutidas independem de ligações às instalações de pára-raios. Edificações com área coberta superior a 200m^2, perímetro superior a 50m ou altura superior a 20m, deverão ter, pelo menos, duas descidas.

Para o cálculo do número mínimo de descidas, devem ser observadas as seguintes exigências, de acordo com a NB-165: uma descida para os primeiros 200m^2 de área coberta e mais uma descida para todo o aumento de 300m^2 ou fração. O número de descidas pode ser obtido pela fórmula:

$$N = \frac{A + 100}{300}$$

sendo N = número de descidas
A = área coberta da edificação em metros quadrados

Será uma descida para os primeiros 20m de altura e mais uma descida para todo o aumento de 20m ou fração. O número de descidas pode ser obtido pela fórmula:

$$N = \frac{h}{20},$$

sendo N = número de descidas e
h = altura da edificação em metros.

Uma descida para os primeiros 50m de perímetro e mais uma descida para todo o aumento de 60m ou fração. O número de descidas pode ser obtido pela fórmula:

$$N = \frac{P + 10}{60}$$

sendo N = número de descidas e
P = perímetro das edificações, em metros.

Resultando N um número fracionário, este deverá ser arredondado para o número inteiro imediatamente superior; dentre os três valores de N calculados, prevalecerá sempre o maior. Se, no cálculo do número de descidas, resultar uma distribuição tal que a distância entre elas, considerado o perímetro da edificação, seja menor de 15m, será permitida a redução daquelas descidas (até o mínimo de duas), de forma a se distanciarem no máximo de 15m.

Em edificações de estrutura metálica, havendo perfeita continuidade elétrica, poderá ser dispensada a descida, desde que o captor esteja ligado ao ponto mais próximo da estrutura e esta ligada à terra. Nas edificações com cobertura ou revestimento de metal, as instalações de pára-raios deverão obedecer às mesmas normas que as indicadas para edificações construídas com materiais não-condutores. A fim de evitar o acúmulo de eletricidade estática, essas partes metálicas deverão ser ligadas aos eletrodos de terra. Nas instalações de pára-raios, levar-se-á em conta a existência de árvores nas proximidades.

Para evitar descargas laterais, os captores e as descidas deverão manter-se afastadas das árvores pelo menos 2 metros.

As descidas a partir do captor nunca deverão ser dirigidas em linha montante, nem formar cotovelos com ângulo interno inferior a 90º: o raio das curvas deve ser no mínimo de 20m. As descidas deverão ser protegidas até 2m de altura, a partir do solo, por tubos ou moldes de materiais não-condutores de eletricidade. Caso sejam empregados tubos metálicos, estes não deverão ser de material magnético.

Qualquer que seja o número de descidas, cada uma deve ter seu próprio eletrodo de terra e, sempre que possível, interligados entre si no solo. É obrigatória a interligação dos eletrodos de terra quando se tratar de captores isolados. O dimensionamento dos diversos órgãos que constituem o conjunto de pára-raios e seus acessórios são:

Condutores de cobre

a) nas descidas poderão ser empregados cordoalhas, fios, cabos ou fitas, desde que a secção transversal não seja inferior a 30mm². As cordoalhas não poderão ter mais de 19 fios elementares, e as fitas não poderão ter espessura inferior a 2mm.

b) nas interligações entre captores, em descidas e massas metálicas e entre eletrodos de terra, deverão ser usados condutores com secção mínima de 13mm².

Condutores de alumínio

a) em descidas deverá ser usado exclusivamente cabo, cuja secção transversal não seja inferior a 65 mm²; este não poderá ter mais que 19 fios elementares.

b) nas interligações entre captores, descidas e massas metálicas, poderão ser empregadas fitas ou fios. Deverão ser utilizados condutores com secção mínima de 21mm². Quando usadas ligas metálicas, estas deverão ser devidamente dimensionadas para cada tipo.

Terminais aéreos podem ser constituídos de uma só peça ou compostos de hastes e captor. Os captores de ponta devem ser maciços e ter comprimentos e diâmetros mínimos de 250mm e 13mm, respectivamente; devem ser pontiagudos, e **atarraxados** às hastes por meio de luvas rosqueadas.

As hastes, qualquer que seja o material ou forma, deverão ter, pelo menos, a resistência mecânica equivalente a de um tubo de aço zincado, com diâmetro nominal interno de 20mm e de paredes com espessura de 2,65mm.

A ligação das descidas aos terminais aéreos, deve ser executada por meio de condutores de pressão ou juntas amolgáveis que assegurem uma sólida ligação mecano-elétrica.

É vedado o uso de emendas nas descidas, excetuando-se a conexão. A conexão de medição deve estar localizada o mais próximo do conjunto de eletrodos da terra e em local acessível.

Os suportes devem ser firmemente fixadas às edificações. Os condutores instalados, acompanhando a superfície da edificação, devem ser mantidos com afastamento de, pelo menos, 20m. Os suportes serão distanciados entre si de 2m no mínimo. Os suportes podem ser de dois tipos: a) suporte de fixação. b) suporte de guia.

O suporte de fixação deve ser do mesmo material do condutor, ou de outro material que não forme par eletrolítico. A instalação desse suporte deve ser executado de modo a evitar esforços do condutor sobre a conexão com o captor.

O suporte-guia deve ter forma e acabamento tais que protejam o condutor contra oscilação e desgaste. No suporte, cujo material forme par eletrolítico com o condutor, deve haver separação entre ambos com material isolante e resistente à ação do tempo.

O eletrodo de terra depende da característica do solo: a resistência da terra não deve ser superior a 10 ohms, em qualquer época do ano – medida por aparelhos e métodos adequados. Os eletrodos de terra devem estar de acordo com a seguinte tabela:

Forma	Material	Dimensões mínimas	Posição	Profundidade mínima
Chapas	Cobre	2mm x 0,25m^2	Horizontal	0,60m
Tubos	Cobre	25mm (int.) x 2,40m	Vertical	Ver nota
	"Copperwerd"	13mm (int.) x 2,40m	Vertical	
Fitas	Cobre	25mm x 2mm x 10m	Horizontal	0,60m
Cabos e cordoalhas	Cobre	53,48mm^2 (nº 1/0) até 19 fios	Horizontal	0,60m

Nota: o enterramento deve ser total, e feito por percussão. A distância mínima entre os eletrodos de terra deve ser de 3m.

As fitas, quando dipostas radialmente, devem formar ângulo no mínimo de 60º.

Os eletrodos e os condutores, devem ficar afastados das fundações no mínimo 50cm. Os eletrodos de terra devem, de preferência, ser localizados em solos úmidos. Em solo seco, arenoso, calcáreo ou de rochas, onde houver dificuldade de conseguir-se o mínimo da resistência ôhmica, será necessária uma compensação por meio de maior distribuição de eletrodos ou ela ser feita em disposição radial, todos eletrodos interligados radialmente por meio de condutores que circundem a edificação, formando uma rede.

Não é permitida a colocação de eletrodos de terra nas seguintes condições:

a) sob revestimentos asfálticos;
b) sob concreto;
c) sob argamassas em geral;
d) em poços de abastecimento de água;
e) em fossas sépticas.

As instalações de pára-raios somente deverão ser controlados por pessoal qualificado, e particularmente nas seguintes ocasiões:

a) **na entrega pelo profissional habilitado.**
b) periodicamente, de dois em dois anos, e especialmente, de seis em seis meses, em torres e chaminés, reservatórios elevados, etc.
c) após as instalações terem recebido descargas elétricas atmosféricas.

Na ocasião do controle periódico, deverão ser examinados:
a) sinais de deterioração ou corrosão nos captores, em descidas, conexões e suportes.
b) sinais de corrosão nos eletrodos de terra.
c) continuidade elétrica.
d) a resistência ôhmica entre os eletrodos e a terra, separadamente e no seu conjunto, desde que haja mais de um eletrodo.

Capítulo 2
INSTALAÇÕES HIDRO-SANITÁRIAS

A instalação hidro-sanitária de um edifício, é composta das seguintes etapas ou setores:

1) Águas pluviais
2) Água fria
3) Água quente
4) Esgoto
5) Incêndio.

PROJETO

Iremos aqui nos preocupar mais com a execução do que com o projeto propriamente dito; entretanto não deixaremos de abordar as necessidades e esclarecimentos que devem configurar no projeto, oferecendo condições para a perfeita execução dos serviços. Assim, qualquer projeto deverá ser feito por profissional habilitado, na forma da lei, e deverá obedecer rigorosamente as normas da ABNT, as disposições legais do Estado e dos Municípios. O projeto será constituído de: folhas de desenho, memorial descritivo e justificado, memorial quantitativo, memória do cálculo, legenda.

As folhas de desenho deverão conter: nome da firma ou profissional responsável (nome, assinatura, registro do CREA, escalas e número da ART – resolução 194 do CREA).

As instalações hidro-sanitárias deverão ser projetadas, de modo que os reparos que vierem se fazer necessários no futuro possam ser executados facilmente. O projeto não poderá locar tubulações embutidas em pilares, colunas, vigas, sapatas ou qualquer elemento estrutural, ainda que a secção indicada no projeto estrutural tenha sido dimensionada para tal; entretanto serão permitidas passagens de maior diâmetro, projetadas para esse fim, e que permitam fácil acesso para reparos futuros.

No projeto deverão ser inicadas as conexões apropriadas para cada tipo de ligação entre tubulações, bem como os locais onde deverão ser colocadas uniões, flanges, adaptadores, unhas e peças de inspeção.

CUIDADOS GERAIS

Todos os serviços referentes a qualquer instalação hidro-sanitária, deverão ser executados por profissionais habilitados e as ferramentas utilizadas deverão ser apropriadas aos serviços.

Não se pode concretar tubulações dentro de colunas, pilares, vigas ou outros elementos estruturais. As buchas, bainhas e caixas necessárias à passagem prevista de tubulação, através de elementos estruturais, deverão ser executadas e colocadas antes da concretagem.

As passagens para embutir tubulações de diâmetro maior que 2", inclusive, deverão ser deixadas nas alvenarias quando de sua execução. As tubulações embutidas até o diâmetro de 1 1/2", inclusive, serão fixadas pelo enchimento total do vazio restante dos rasgos, com argamassa de cimento e areia na dosagem de 1.4, isto é, uma parte de cimento para quatro partes de areia. Às tubulações de diâmetro superior além do referido enchimento, deverão ser fixados pregos ou grapas de ferro redondo de diâmetro aproximado de 3/16", espaçados de 50 a 50 cm aproximadamente, para manter inalterada a posição do tubo.

A tubulação não deve ser aprofundada em demasia dentro do rasgo ou cavidade, para que, na colocação de registro, não venha o eixo do mesmo ficar com o comprimento insuficiente para colocação da canopla e o volante. (Fig. 2-1).

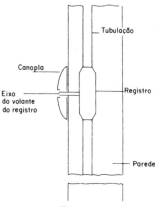

Figura 2.1

As tubulações aparentes deverão ser convenientemente fixadas por braçadeiras, por tirantes ou outro dispositivo que lhes garanta perfeita estabilidade, não permitindo vibrações. As tubulações deverão ter suas extremidades vedadas com bujões, a serem removidos na ligação final dos aparelhos sanitários.

As provas de pressão interna devem ser verificadas e especificadas para cada tipo de instalação, nas suas respectivas normas. Elas deverão ser feitas antes do revestimento da alvenaria. Os fundos das valas para tubulações enterradas, deverão ser bem apiloada antes do assentamento. A colocação de tubos de ponta e bolsa será feito de jusante para montante, com as bolsas voltadas para o ponto mais alto.

As tubulações passarão a distâncias convenientes de qualquer fundação, a fim de prevenir a ação de eventuais recalques. Para as emendas e juntas, serão feitas as seguintes recomendações:

1) o corte de tubulação será feito sempre em secção reta.

2) as porções rosqueadas deverão apresentar filetes bem limpos, sem rebarbas, sem distorções, que se ajustarão perfeitamente às conexões. Para tanto, na feitura da rosca com a tarraxa, esta deverá passar no cano pelo menos três vezes, sucessivamente, com o aperto dos cochonetes de maneira a não forçar demasiadamente o corte da superfície do cano, que é lubrificado com esparmacete (vela).

3) a junta na ligação de tubulações, deverá ser executada de maneira a garantir perfeita estanqueidade, tanto para passagem de líquidos como de gases, sem excessiva quantidade de estopa ou teflon.

4) a ligação do tubo de ferro galvanizado, ou de chumbo (quando indicado no projeto em casos excepcionais), deverá ser feita através de peça especial (unho) de cobre ou de latão, para rosca em uma extremidade e solda na outra.

5) a junta de canalização de cerâmica vitrificada e de cimento amianto deverá ser sempre de tipo flexível, não se permitindo juntas rígidas (argamassa de cimento e areia).

6) a junta de canalização de ferro fundido ou ferro dúctil, deverá ser feita com anel de borracha, de mesma procedência do tubo. Será executado através de penetração à força da ponta de um tubo na bolsa de outro, ou de conexão, utilizando-se lubrificante apropriado.

7) a junta de canalização de ferro galvanizado, quando em instalação de água fria, deverá ser feita com estopa mealhar, tinta zarcão, ou feita com teflon.

8) a tubulação de ferro galvanizado não deverá ser curvada ou soldada. Todas as mudanças de direção serão feitas sempre por meio de conexão.

9) a junta de canalização de PVC rígido deverá ser feita com adesivo e solução limpadora nas tubulações de água fria, quando os tubos são soldáveis:

a) com temperatura do tubo igual ou aproximadamente igual a da conexão.

b) com adesivo e solução limpadora ou com anéis de borracha, nas tubulações das instalações de águas pluviais ou de esgoto – desde que não ultrapasse o diâmetro de 4".

10) Na junção de tubulação de PVC rígido com metais em geral, deverão ser utilizadas conexões com bucha de latão rosqueada e fundida diretamente na peça.

11) a junta de canalizações de cobre deverá ser feita com conexões próprias de latão ou do mesmo material, sendo sua soldagem feita por meio de colar, após lixamento e aplicação da pasta ou ácido na forma recomendada pelo fabricante.

12) para o cobrimento mínimo de tubulações enterradas no solo, é recomendada:

0,30m em local sem tráfego de veículo.
0,50m em local com tráfego leve.
0,70m em local com tráfego pesado.

13) toda a tubulação enterrada, tanto de esgoto, água de pia de cozinha como de água pluvial, deverá ter caixa de inspeção (esgoto), caixa de areia (águas pluviais) e caixa de gordura para as pias de cozinha, quando houver as seguintes condições:

a) junção ou ligação de ramais.
b) mudança de direção.
c) mudança de inclinação.
d) a cada 15m.

ÁGUAS PLUVIAIS

O sistema de águas pluviais é composto dos seguintes dispositivos:

a) coleta ou captação
b) condutores
c) escoamento superficial
d) rede coletora subterrânea, externa.

COLETA OU CAPTAÇÃO

É composta dos seguintes elementos, que integram o telhado de uma edificação:

1) Calhas: a) beiral, b) platibanda.
2) Rufos
3) Rincões (águas furtadas)
4) Bocal
5) Bandejas
6) Buzinotes
7) Telhas de chapa
8) Condutores
9) Curvas
10) Funís.

CALHAS

Os materiais mais usualmente empregados na feitura desses elementos são: chapa de ferro galvanizada, chapa de cobre, chapa de alumínio, peças de fibro-cimento e de plástico, sendo que atualmente só se empregam as chapas de ferro galvanizada de espessura mínima nº 24, e aparecendo no mercado com grande aceitação os plásticos, deixando de serem utilizadas as chapas de cobre e de alumínio pelo alto custo. A chapa de ferro galvanizada, vulgarmente chamada de zinco, deverá ser protegida com duas demãos, no mínimo, de pintura anti-ferruginosa à base de betume.

As bitolas de chapas, usualmente empregadas são:

Nº bitola	Espessura em mm	Peso em kg/m²
28	0,350	3,81
26	0,450	4,01
24	0,550	5,65
22	0,710	6,87
20	0,900	8,08

A colocação das calhas e de rincões, deverá ser executada depois da cobertura provisória (colocação das telhas sem acabamento) e deverão ser rematados e tratados com relação ao caimento, que deverá ter no mínimo 0,5%, antes do cobrimento definitivo. As emendas deverão ser feitas por soldagem e rebitagem sendo de, no mínimo, 4 rebites. A superfície a ser soldada deverá ser previamente limpa, e isenta de graxas. Na calhas e rufos não se permite soldas no sentido longitudinal. A junta de dilatação nas chapas de ferro galvanizadas deverá ser a cada 20m e nas de cobre cada 10m. (Fig. 2.2).

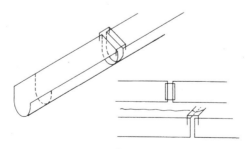

Figura 2.2

Instalações hidro-sanitárias

As telhas de beiral deverão ter recobrimento mínimo de 8cm sobre a calha, a fim de evitar infiltrações por água de retorno (Fig. 2.3), assim como as referidas telhas deverão apoiar-se em ripas duplas, que substituem ou faz as vezes do apoio da telha inferior (Fig. 2.4).

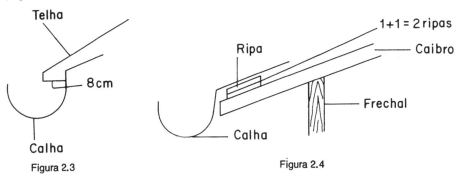

Figura 2.3 Figura 2.4

Às calhas de beiral será fixado o madeiramento do telhado por pregos de latão para se evitar oxidação, e sua sustentação será por meio de escápulas de barras galvanizadas, acompanhando o perfil da calha, (se houver falta de escápulas no mercado, faz-se a sustentação por tiras de chapas galvanizadas soldadas nas bordas e pregadas na ripa (Fig. 2.5), de tal maneira que a sustentação não prejudique a declividade prevista). As calhas de platibanda serão fixadas somente em uma borda ao madeiramento do telhado, por pregos de latão; a outra borda estará apenas apoiada na alvenaria da platibanda, também chamada de corta-fogo. (Fig. 2.6).

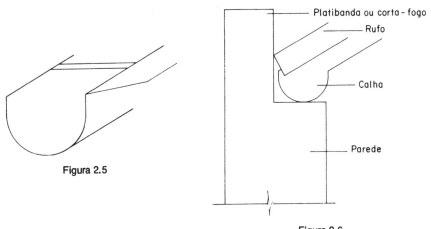

Figura 2.5

Figura 2.6

A sustentação será feita por apoios de alvenaria, distanciados no máximo de 2,50m, observando-se sempre as declividades; a linha de junção da calha com a alvenaria de platibanda ou corta-fogo será arrematada por rufo, fixando-se a mesma por prego de latão em uma extremidade e rematada com argamassa de cimento e areia na dosagem de 1 parte cimento e 4 partes de areia; a outra extremidade fica livre no interior da calha (Fig. 2.6). As calhas deverão ter um desenvolvimento mínimo de 33cm.

RINCÕES

São calhas abertas com duas abas que serão fixadas de ambos os lados ao madeiramento do telhado, por intermédio de ripas no sentido longitudinal (Fig. 2.7).

Figura 2.7

BANDEJA

Peça utilizada para captação das águas provenientes do rincões em substituição à calha (Fig. 2.8).

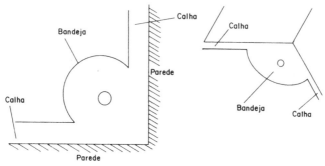

Figura 2.8

BUZINOTE

Tubo de plástico, ferro galvanizado ou ferro fundido que se coloca junto às lajes de sacadas, lajes de cobertura, etc. para escoamento das águas, tendo comprimento e declividade adequada para que não permitam o seu retorno e nem que corram pelas paredes (Fig. 2.9).

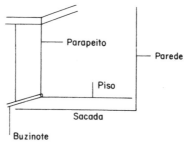

Figura 2.9

Instalações hidro-sanitárias

BOCAIS

São peças de ligação entre calha e condutor, que permitem o escoamento das águas da calha ou bandeja para os condutores. Deverão ser rebitados e soldados na calha (Fig. 2.10).

CURVAS

Peças intermediárias, que fazem a ligação entre o bocal e o condutor, não permitindo fazer no condutor cotovelos, que afogariam as águas do escoamento das calhas (Fig. 2.11).

FUNIL

Peça que capta as águas provenientes da curva para que seja conduzida ao condutor (Fig. 2.12); a função do funil, também é de não deixar que afogue o condutor com a mudança do escoamento da curva do condutor.

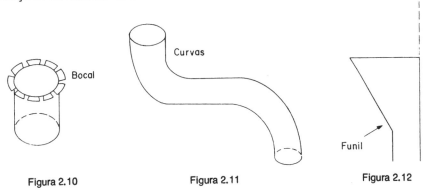

Figura 2.10   Figura 2.11   Figura 2.12

CONDUTORES

Os condutores deverão ser executados sempre que possível numa só prumada e à vista (aparente); havendo necessidade de desvios na prumada, o trecho de desvio deverá ter peça especial para inspeção. Os condutores serão executados em tubos de ferro fundido centrifugado, do tipo esgoto, com junta de chumbo derretido ou junta elástica, pelo menos nos dois primeiros metros a partir do chão. Poderá ser de chapa de ferro galvanizado, tubo de fibro-cimento ou de plástico, nos metros restantes.

Nos condutores de PVC (plástico) rígido, as juntas serão de ponta e bolsa, com anel de borracha. Para os de fibro-cimento, as juntas serão formadas com argamassa de cimento ou asfalto derretido. As extremidades inferiores do condutor, para despejo livre das águas pluviais ou para ligação do condutor a rede subterrânea, deverão ser feitas com curvas de 120°, nunca em 90°, para evitar o afogamento.

Para os condutores que não forem aparentes, mas sim embutidos, os rasgos deverão ter a largura do condutor, mais uma folga de 1 cm, para que se possa aprumá-lo, alinhar e encaixar a ponta e bolsa.

A alvenaria deverá ser cortada com talhadeira afiada, e inclinada 45° com a vertical. A fixação se fará com braçadeiras de ferro ou com tiras de chapa de ferro galvanizado pregadas aos tijolos.

Para os condutores feitos de chapa de ferro galvanizado, as mesmas deverão ser imunizadas interiormente com tinta betuminosa, antes de serem dobradas. O diâmetro mínimo do condutor deverá ser de 3". O espaçamento será definido pela área do telhado a ser esgotado. A área a esgotar por condutor deverá ser de 40 a 60 m² por condutor de 3" de diâmetro.

O afastamento das águas pluviais à superfície do terreno far-se-á, preferencialmente, através de canaletas abertas, tipo sarjeta, associadas às calçadas perimetrais. As canaletas serão executadas em concreto simples de 150 kg de cimento por metro cúbico de concreto, acabamento liso (queimado à colher) e com declividade mínima de 0,5%.

Nos trechos onde houver trânsito de pessoas ou veículos sobre canaletas, deverá ser prevista a colocação de grelhas de ferro fundido ou perfilado. O recolhimento de águas pluviais em áreas livres (quintais) fechadas, far-se-á por meio de ralos ou caixas com grelhas, grades de ferro, ou ainda através de boca de lobo.

O encaminhamento será feito por canalização até a sarjeta coletora ou caixa de areia, observando-se o critério do menor trajeto sob a construção. As águas pluviais das áreas livres coletadas serão encaminhadas para fora do imóvel, através de rede coletora subterrânea, feita em tubos de cerâmica vidrada, ferro fundido, concreto simples ou armado, com caixas de areia espaçadas de 30 metros.

ÁGUA FRIA

A instalação predial de água fria, será constituída pelo conjunto de canalizações, registros, válvulas e acessórios, detalhados e dimensionados no projeto, constando no mínimo de:

1) Suprimento
2) Ramal de alimentação predial
3) Reserva
4) Instalação elevatória
5) Rede de distribuição predial

No projeto, o dimensionamento deverá ser feito levando-se em contas os valores limites estabelecidos nas normas da ABNT, ao menos para os seguintes itens: vazão das peças de utilização, simultaneidade de uso, pressão mínima, perdas de carga e velocidades máximas. O diâmetro mínimo das tubulações, mesmo para sub-ramais, será de 3/4". Os edifícios construídos em zonas servidas por sistema de abastecimento público, deverão ligar-se obrigatoriamente ao mesmo.

SUPRIMENTO

Na impossibilidade do suprimento pelo sistema público de abastecimento, adotar-se-á a solução adequada e conveniente com os recursos hídricos locais, como poço de lençol freático, poço semi-artesiano ou artesiano, garantindo as solicitações de consumo e a permanente potabilidade da água. A ligação da instalação predial à rede pública (suprimento) será executada pela concessionária local.

RAMAL DE ALIMENTAÇÃO PREDIAL

Mesmo que não haja suprimento pela rede pública, mas havendo possibilidade de extensão desse suprimento à obra, deverá ser projetado e executado o ramal de alimentação predial para utilização futura, assim como previstas as torneiras de jardim.

O cavalete, assim como o trecho que liga ao reservatório, será executado com tubo de ferro galvanizado, de diâmetro mínimo de 1". O abrigo será construído de alvenaria, completamente revestido (emboço e reboco), e deverá atender ao seguinte:

a) ter cobertura em laje de concreto armado, devidamente impermeabilizado, com saliência de no mínimo 10 cm sobre a portinhola.
b) ter piso revestido com cerâmica, com declividade tal que não permita empoçamento das águas de respingo.
c) possuir batentes e portinhola tipo veneziana, para ventilação permanente.

O trecho do ramal de alimentação, quando enterrado, deverá ser imunizado (pintado) com duas demãos de tinta a base de asfalto (betume) e colocado em local de pouco trânsito, coberto com uma camada de concreto magro (150 quilos de cimento por metro cúbico de concreto) em profundidade máxima de 1,50 m.

RESERVA

Nenhum edifício será abastecido diretamente pela rede pública, sendo o suprimento sempre por meio de reservatórios. Para a estimativa de consumo, adota-se a seguinte tabela, na qual se indicam os valores mínimos em litros por dia.

Edifícios públicos – para os funcionários: 50 litros/dia per capita
    para o público: 10 litros/dia per capita
Escolas – externato: 50 litros/dia per capita
    internato: 200 litros/dia per capita
Penitenciárias e cadeias, área carcerária: 150 litros/dia per capita
    administração: 50 litros/dia per capita
Hospitais: 250 litros/dia per capita
Hotéis – hóspedes: 50 litros/dia per capita
    funcionários: 150 litros/dia per capita
Quartéis: 200 litros/dia per capita
Restaurantes: 25 litros/dia por refeição
Lavanderias: 30 litros/quilo de roupa
Cinemas, teatros: 2 litros por lugar
Residências populares: 120 litros/dia per capita
    médias: 150 litros/dia per capita
    de luxo: 200 litros/dia per capita
Apartamentos: 200 litros/dia per capita
Escritórios: 50 litros/dia per capita

Nos edifícios com mais de um pavimento acima do nível da rua, deverá ser previsto reservatório inferior, alimentado diretamente pela rede pública ou pela fonte de suprimento, onde a água será recalcada para os reservatórios superiores, de onde será feita a distribuição. Não é permitido enterrar o reservatório – a altura máxima de terra junto às paredes do reservatório não deve ser superior à cota da laje do fundo. O afastamento mínimo é de 60 cm para permitir a inspeção. Os reservatórios deverão ser no mínimo dois e estanques (separados, independentes), com paredes lisas e tampa removível e cantos abaulados. Serão dotados de extravasores (ladrão), que obedecerão as seguintes condições:

a) diâmetro maior que a entrada
b) 20 cm no mínimo acima do nível máximo
c) ter descarga livre e visível a 15 cm no mínimo de qualquer receptáculo
d) ter canalização de limpeza, saída lateral
e) ter fundo inclinado para a tubulação de limpeza

f) capacidade maior que 60% do total
g) localizado em posição de fácil acesso
h) recalque econômico
i) existência de áreas destinadas ao conjunto bomba-motor
j) facilidade de constatação de fugas e vazamentos.

RESERVATÓRIO ELEVADO

Os reservatórios elevados poderão ser de fibro-cimento ou de concreto armado. Os materiais empregados na sua impermeabilização não devem transmitir à água substâncias em concentração que possam poluí-la. Devem ser construídos de tal forma que não possam servir de ponto de drenagem de águas residuais ou estagnadas em sua volta.

A tampa de cobertura deve ser impermeabilizada e dotada de cimento para as bordas (mínimo de 1:100). Os pequenos reservatórios de fabricação normalizada, devem ser providos obrigatoriamente de tampa que impeça a entrada de animais e corpos estranhos e que preservem os padrões de higiene e segurança ditados pelas normas.

Se houver mais de um reservatório, a alimentação será independente; mesmo que a interligação seja feita por barrilete, deverá cada entrada ter uma torneira de bóia e registro de gaveta. Quando o suprimento for por instalação elevatória, deverá ser observado:

a) Descarga livre e controle de nível por automático;
b) Possuir vários reservatórios, sendo um maior e de nível superior; a alimentação dos demais por gravidade, tendo torneira de bóia e registro-gaveta em cada um;
c) Não se permitirá a utilização do forro como fundo do reservatório;
d) Altura mínima do fundo do reservatório e o forro de 60 cm.

INSTALAÇÃO ELEVATÓRIA

Normas gerais – o reservatório inferior deve ter uma área conveniente para serem alojados dois conjuntos de bomba-motor. Esse conjunto não deve estar na área de circulação do prédio, para evitar curiosidade e dificuldade de operação. De outro lado, o comando e a manutenção devem ser os mais simples possíveis.

As canalizações são ligadas ao conjunto bomba-motor para recalcar água, mantendo um comando imediato. Além disso, devemos ter um outro sistema de operação (Fig. 2.13a).

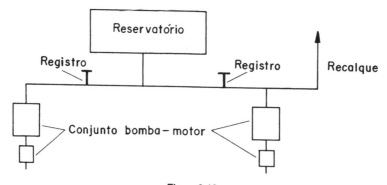

Figura 2.13a

Instalações hidro-sanitárias

Cada conjunto motor-bomba deve ser independente, para funcionar separadamente. Entretanto, a canalização de recalque para o reservatório superior deverá ser única. Isto porque o reservatório já aloja vários canos e não devemos aumentar a possibilidade de vazamentos. Existem 2 tipos de canos de ferro galvanizado, o leve e o pesado. No tubo leve, a rosca torna-se ponto frágil, por isto nestas canalizações só devemos usar cano de ferro galvanizado pesado sem costura. Para cano de diâmetro maior que 2" usaremos ferro fundido.

Designamos por sucção o trecho da canalização entre o reservatório inferior e o conjunto motor-bomba. O diâmetro dos canos da sucção deve ser maior que o diâmetro do cano de recalque. Os elementos que compõem a sucção: crivo, válvula de retenção, registro de comando e redução. Os diâmetros dessas canalizações é determinada pela fórmula de Bresse. No recalque, a válvula deve ser colocada entre a saída da bomba e o registro, conforme o esquema (Fig. 2.13b).

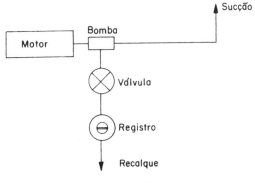

Figura 2.13b

A queda d'água no reservatório superior é controlada por uma torneira de bóia, que desliga automaticamente o conjunto mortor-bomba. No reservatório inferior também existe análogo controle. No recalque, as peças são: redução, válvulas de retenção, junta elástica de acoplamento e registro de comando tipo gaveta.

REDE DE DISTRIBUIÇÃO PREDIAL

As tubulações correrão embutidas nas paredes, não muito profundas, de maneira que os eixos do registro possam receber as canoplas e o volante como arremate final no revestimento acabado ou, salvo a critério do projeto específico, correrão para fora, devendo neste caso serem presas através de braçadeiras cada 3 metros. A tubulação deverá ser executada em ferro galvanizado sem costura, ou em PVC rígido para água fria e em cobre para água quente.

Nas juntas em rosca, é necessário para vedá-los a colocação de estopa alcatroada e zarcão ou teflon. Quando os terminais necessitarem de roscas, estas deverão ser feitas com tarracha, com três passadas no mínimo, com os reajustes dos cochonetes de maneira que as roscas sejam perfeitas, não necessitando em demasia de teflon ou estopa.

As canalizações nunca poderão ser horizontais, devendo apresentar declive de 2°. As canalizações de água serão submetidas à prova de pressão hidrostática antes do revestimento emboço e reboco. Na prática usa-se encher a tubulação, fechando todas as torneiras com "bujão" por 2 dias a fim de verificar a existência ou não de vazamento.

Os terminais de tubos de PVC rígido, em geral, terão conexões chamadas de azuis, que são conexões de PVC rígido que no seu interior têm uma lâmina de cobre com rosca para receber as torneiras. Como as torneiras são de metais, e levarão na rosca estopa ou teflon para perfeita vedação, no rosqueamento pode acontecer que a torneira não fique na posição correta, necessitando ser forçada para que fique na posição correta, nesse esforço pode ser trincada a referida conexão azul. Para evitar esse incômodo, aconselha-se usar conexões de bronze nos terminais para receber torneiras ou registros.

O registro de gaveta é utilizado para o barrilete, saídas e entradas de reservatórios, extravasores (ladrão), limpeza, recalque, sucção e alimentação predial, colunas, ramais e sub-ramais e comando de válvula de descarga.

Os registros de pressão somente se utilizarão em ramal predial, ramificações para aparelhos, comando de filtros e chuveiros. Todos os registros serão colocados a uma altura de 1,80 m do piso.

Os tubos de ferro galvanizados nunca serão curvados e, onde houver necessidade, devem-se colocar curvas, joelhos, cotovelos, etc.

As ligações do ponto da parede aos aparelhos, nunca deverão ser de tubo de chumbo mas sim de tubos plásticos ou de metal flexível.

ÁGUA QUENTE

A alimentação do aquecedor não poderá ser feita por ligação direta do suprimento (rede pública); dar-se-á preferência à alimentação por reservatório superior de distribuição de água fria.

Nas instalações de água quente, somente poderão ser utilizadas tubulações e conexões de cobre e registro do tipo pressão, de bronze, com vedação de metal contra metal. As tubulações embutidas de água quente serão sempre isoladas da alvenaria por meio de uma camada espessa de argamassa de nata de cal e amianto em pó.

Nas tubulações aparentes ou situadas no forro, serão isoladas por meio de calhas de material isolante.

As canalizações de água quente deverão ser sempre protegidas, especialmente na existência de outras canalizações contíguas (água fria, eletricidade, gás), etc. Deve-se prever, na instalação de água quente, registro de passagem no início de cada coluna de distribuição e em cada ramal, no trecho compreendido entre a respectiva derivação e o primeiro sub-ramal.

ESGOTO SANITÁRIO

Instalações prediais de esgotos sanitários – Terminologia

- *Aparelhos sanitários* – aparelhos ligados à instalação predial e destinados ao uso d'água para fins higiênicos ou para receber ejetos e águas servidas.

- *Caixa coletora* – caixa situada em nível inferior ao coletor predial, e onde se coletam despejos cujo esgotamento exige elevação.

- *Caixa de gordura* – caixa detentora de gorduras.

- *Caixa de inspeção* – caixa destinada a permitir a inspeção e desobstrução de canalizações.

- *Caixa sifonada seca* – caixa dotada de fecho hídrico, destinada a receber efluentes de aparelhos sanitários, inclusive os das bacias sanitárias, e descarregados diretamente em canalização primária.

Instalações hidro-sanitárias 35

- *Caixa sifonada c/ grelha* – caixa sifonada, dotada de grelha na parte superior, destinada a receber águas de lavagem de pisos e efluentes de aparelhos sanitários, exclusive os de bacias sanitárias e mictórios.

- *Coletor predial* – canalização compreendida entre a última inserção de sub-coletor, ramal de esgoto ou de descarga e a rede pública, ou local de lançamento dos despejos.

- *Coluna de ventilação* – canalização vertical destinada à ventilação de sifões sanitários situados em pavimentos superpostos.

- *Desconector* – sifão sanitário ligado a uma canalização primária.

- *Despejos* – refugos líquidos dos edifícios, excluídas as águas pluviais.

- *Despejos domésticos* – despejos decorrentes do uso da água para fins higiênicos.

- *Despejos industriais* – despejos decorrentes de operações industriais.

- *Fecho hídrico* – coluna líquida, que em um sifão sanitário veda a passagem de gases.

- *Peça de inspeção* – dispositivo para inspeção e desobstrução de uma canalização.

- *Ramal de descarga* – canalização que recebe diretamente efluentes de aparelho sanitário.

- *Ramal de esgoto* – canalização que recebe efluentes de ramais de descarga.

- *Ramal de ventilação* – tubo ventilador secundário ligando dois ou mais tubos ventiladores individuais a uma coluna de ventilação ou a um tubo ventilador primário.

- *Ralo* – caixa dotada de grelha na parte superior, destinada a receber águas de lavagem de piso ou de chuveiro.

- *Sifão sanitário* – dispositivo hidráulico destinado a vedar a passagem de gases das canalizações de esgoto para o interior do prédio.

- *Sub-coletor* – canalização que recebe efluentes de um ou mais tubos de queda ou ramais de esgoto.

- *Tubo de queda* – canalização vertical que recebe efluentes de sub-coletores, ramais de esgoto e ramais de descarga.

- *Tubo ventilador* – canalização ascendente destinada a permitir o acesso do ar atmosférico ao interior das canalizações de esgoto e a saída de gases dessas canalizações, bem como a impedir a ruptura do fecho hídrico dos desconectores.

- *Tubo ventilador ramal primário* – tubo ventilador tendo uma extremidade aberta situada acima da cobertura do edifício.

- *Tubo ventilador de circuito* – tubo ventilador secundário ligado a um ramal de esgoto e servindo a um grupo de aparelhos sem ventilação individual.

- *Tubo ventilador individual* – tubo ventilador secundário ligado ao sifão ou ao tubo de descarga de um aparelho sanitário.

(Figs 2.14, Fig. 215 A e B - esquema da instalação de esgoto)

O EDIFÍCIO E SEU ACABAMENTO

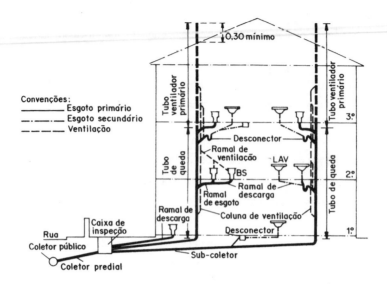

Figura 2.14

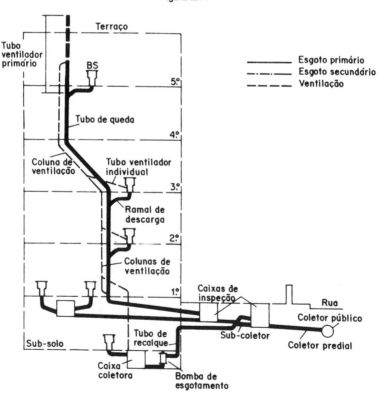

Figura 2.15a

Instalações hidro-sanitárias

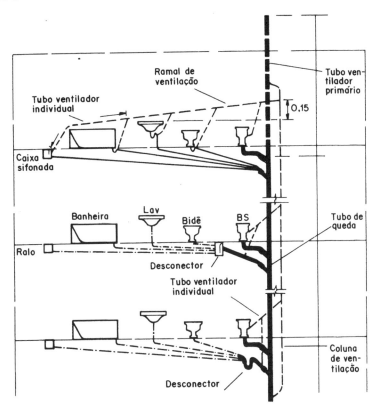

Figura 2.15b

PRINCÍPIOS GERAIS

Todas as instalações prediais de esgoto sanitário devem ser projetadas e construídas de modo a:

1) permitir rápido escoamento dos despejos e fáceis desobstruções.
2) vedar a passagem de gases e animais das canalizações para o interior dos edifícios.
3) não permitir vazamentos, escapamentos de gases ou formação de depósitos no interior das canalizações.
4) impedir a contaminação da água de consumo e gêneros alimentícios.
5) não empregar conexões em cruzetas ou tês retos, a não ser na ventilação.
6) todo aparelho sanitário, na sua ligação ao ramal de descarga ou rama de esgoto, deverá ser protegido por sifão sanitário ou caixa sifonada com grelha.
7) a instalação de caixas sifonadas e de sifões sanitários far-se-ão de maneira a observar:

    a) nivelamento e prumo perfeito;
    b) estanqueidade perfeita nas ligações aparelho-sifão e sifão-ramal de descarga ou de esgoto.

8) Para a estimativa das descargas, adotam-se os valores indicados na tabela, em que a unidade de descarga (correspondente à descarga de um locatário de residência) é considerada igual a 28 litros por minuto.

Tabela 2.1 – Número de unidades de descargas dos aparelhos sanitários e diâmetro nominal dos ramais de descargas

Aparelho	Nº de unidade de descarga	Diâmetro mínimo em mm	em polegada
Banheiro	3	40	11/2"
Bebedouro	0,5	25	1"
Bidê	2	30	11/4"
Chuveiro	2	40	11/2"
Lavatório	1	30	11/4"
Mictório com válvula	4	50	2"
com desc. automática	2	40	11/2"
de calha, p/ metro	2	50	2"
Pia	3	40	11/2"
Ralo	1	30	11/4"
Tanque	2	30	11/4"
Bacia sanitária	6	100	4"

RAMAIS DE DESCARGA

Poderão ser executados em tubos de ferro galvanizado, ferro fundido ou PVC. Os ramais de descarga de lavatórios, banheiros, bidês, ralos e tanques podem inserir-se em desconector. Também pias em caixas de gorduras ou tubo de queda ligados à caixa de gordura.

Bacias sanitárias, mictórios e pias de despejo em canalização primária ou caixa de inspeção, devem sempre ter início em sifão com o fecho hídrico devidamente protegido. Entende-se por canalização primária, a canalização onde tem acesso gases provenientes do coletor público. Adotam-se para ramais de descargas os diâmetros mínimos indicados na tabela e fixa-se em 2% a declividade mínima dos respectivos trechos horizontais.

RAMAIS DE ESGOTO

Todos os ramais de esgoto deverão começar em desconector, sifão sanitário ou caixa sifonada. Poderão ser executados em tubos de barro vidrado, ferro fundido, ferro galvanizado ou PVC rígido. Quando executados sobre lajes de concreto armado, que deverá ter um rebaixo de 30 cm para melhor execução, poderão ser de:

– ferro fundido, nos diâmetros mínimo de 40 mm ou 11/2".
– ferro galvanizado no diâmetro mínimo de 40 mm ou 11/2".
– PVC rígido, com diâmetro mínimo de 40 mm ou 11/2".

Quando enterrados (pavimentos térreos), serão de barro vidrado com diâmetro mínimo de 75 mm ou 3".

Os ramais de esgoto que recebem efluentes de mictório não poderão ser ligados à caixa sifonada. Adotam-se para ramais de esgoto os diâmetros mínimos da tabela seguinte e as declividades mínimas de:

2% para diâmetros até 100 mm – 4"
1,2% para diâmetros até 125 mm – 5"
0,7% para diâmetros até 150 mm – 6"

Instalações hidro-sanitárias

Tabela de diâmetros mínimos

Número de unidade de descarga	Diâmetro mínimo
1	30 mm 1 1/4"
4	40 mm 1 1/2"
7	50 mm 2"
13	60 mm 2 1/2"
24	75 mm 3"
192	100 mm 4"
432	125 mm 5"
742	150 mm 6"

TUBOS DE QUEDA

Os tubos de queda deverão ser verticais e, se possível, com uma única prumada. Havendo necessidade de mudança de prumada, usar-se-ão conexões de raio longo. Deverá ser prevista inspeção com visita, colocando tubo radial na extremidade inferior do tubo de queda.

Todo tubo de queda deverá prolongar-se verticalmente, até acima da cobertura, constituindo-se em ventilador primário. Os tubos de queda poderão ser executados em ferro fundido ou PVC rígido. Nenhum tubo de queda poderá ter diâmetro inferior ao da maior canalização a ele ligado. Exige-se o diâmetro mínimo de 100 mm (4") para as canalizações que recebem despejos de bacias sanitárias.

Tabela 2.2 – Diâmetros mínimos dos tubos de queda

Número de unidades de descarga		
Em um pavimento	Em todo tubo de queda	Diâmetro mínimo
1	2	30 mm 1 1/4"
2	8	40 mm 1 1/2"
6	24	50 mm 2"
10	49	60 mm 2 1/2"
14	70	75 mm 3"
100	600	100 mm 4"
230	1.300	125 mm 5"
420	2.200	150 mm 6"

VENTILAÇÃO

Deverá ser instalada de forma que não tenha acesso a ela qualquer despejo de esgoto, e de qualquer líquido que nela ingresse possa escoar por gravidade até o tubo de queda, ramal de descarga ou desconector em que o ventilador tenha origem.

O tubo ventilador primário e a coluna de ventilação deverão ser instalados verticalmente e, sempre que possível, em um único alinhamento – reto.

O trecho de ventilador primário que fica acima da cobertura do edifício deverá medir, no mínimo: 0,30 m no caso de telhado ou simples laje de cobertura, 2,00 m nos casos de lajes utilizadas para outros fins além de cobertura. A extremidade aberta de um tubo ventilador situado a menos de 4,00 m de distância de qualquer janela, mezanino ou porta, deverá elevar-se pelo menos 1,00 m acima da respectiva verga.

A ligação de um tubo ventilador a uma canalização horizontal deverá ser feita, sempre que possível, acima do eixo da tubulação, elevando-se o tubo ventilador verticalmente, ou com o desvio máximo da água no mais alto dos aparelhos servidos, antes de desenvolver-se horizontalmente ou ligado a outro tubo ventilador. Nas passagens dos ventiladores pelas coberturas (telhas), deverão ser previstas telhas de chapa metálica para prevenção contra infiltração de água de chuva ao longo do tubo ventilador.

Sub-coletor – Poderão ser executados com tubos de cerâmica vidrada ou de ferro fundido. Sendo que, em tubos de cerâmica vidrada ponta-bolsa, a união entre dois tubos deverá ser feita com asfalto derretido não devendo ser feito com argamassa de cimento e areia, pois com a perda d'água da argamassa haverá retração da mesma, dando fissuras por onde poderá haver vazamento. Também, como o tubo é vidrado, a argamassa tem pouca aderência no tubo.

Caixas de inspeção – Geralmente são executadas em alvenaria, assentes com argamassa de cimento e areia e revestidas internamente com argamassa de cimento e areia na dosagem de uma parte de cimento e três de areia fina, queimada à colher, para que o acabamento fique bem liso.

O fundo deverá ser moldado a meia secção de um tubo que facilitará o escoamento; Não pode ter o fundo acabamento que permita a formação de depósitos de detritos. A tampa será de concreto armado e deverá ser de fácil localização e remoção, permitindo perfeita vedação.

Capítulo 3
ESQUADRIAS

Inicialmente, iremos procurar diferenciar esquadrias de caixilhos. De acordo com o "Novo Dicionário da Língua Portuguesa" de Aurélio Buarque de Hollanda Ferreira, temos:

Esquadrias – designação genérica de portas, caixilhos, venezianas, etc.

Caixilhos – Parte de uma esquadria onde se fixam os vidros.

ESQUADRIAS E CAIXILHOS

Aqui nós iremos designar esquadria, toda vedação de vão tipo portas, janelas, persianas, venezianas, etc., feitas de madeira e atualmente também de plástico (PVC); e caixilhos como toda vedação de vão como portas, janelas, feitos em ferro ou alumínio, de modo mais geral, em metal.

As esquadrias são estudadas sob dois ângulos: um relativo à atividade do pedreiro e outro a do marceneiro; um fazendo o vão e o outro guarnecendo este vão. As esquadrias de madeira deverão obedecer rigorosamente, quanto à sua localização e execução, as indicações do projeto e respectivos desenhos e detalhes construtivos.

As esquadrias se dividem em:

1) Portas   2) Janelas   3) Persianas

As portas deverão ser estudadas quanto ao sentido de abertura e localização, segurança e componentes.

ABERTURA E LOCALIZAÇÃO

Na etapa do projeto, o arquiteto deve ter o máximo cuidado ao estudar o projeto, prevendo o sentido de abertura das portas quando elas forem empurradas, podendo, portanto, abrir à direita ou abrir à esquerda. Não é indiferente a situação da porta nem o sentido da sua abertura, pois, de uma e de outra coisa depende a comodidade do compartimento ou cômodo. Num aposento, por exemplo, a porta colocada no meio da parede pode dividir esta em dois planos que não permitam boa arrumação de móveis, ao passo que, colocada de um lado, esta arrumação será melhorada.

Conforme a arrumação dos móveis, a porta deverá estar em um ou outro extremo da parede. Colocada como se indica na Fig. 3.1, poderá ficar aberta em grande parte sem devassar o interior; o mesmo não acontece no caso da Fig. 3.1D. No caso da Fig. 3.1E, a situação da porta é boa, porque ela abre para a direita; se abrisse para a esquerda, o quarto ficaria igualmente devassado.

No estudo do projeto, o arquiteto, além de considerar o compartimento propriamente dito, deverá examiná-lo em combinação com a sua funcionabilidade ou destino, arrumando os móveis e colocando as portas e as janelas de modo a favorecer tal arrumação. Sempre que puder, abrir as portas para a direita, mas sem nenhum receio de fazê-las funcionar para a esquerda, se com isso melhorar a comodidade interna (Fig. 3.1). A porta, quando colocada no extremo da parede deve estar afastada do canto mais ou menos 0,20 m, para deixar espaço para os arremates. É também preciso examinar se, uma porta ao abrir, não fecha outra de comunicação, caso em que uma delas deve ser alterada (Fig. 3.1A, B, C).

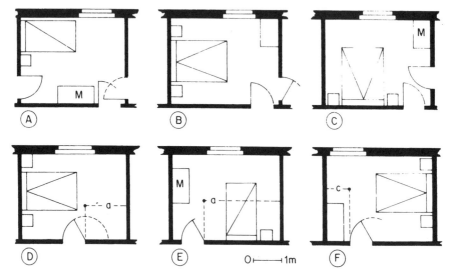

Figura 3.1

Segurança – as portas devem ser examinadas sob o aspecto de sua segurança. Sob esse ponto de vista, será útil empregar esquadrias de uma só folha e maciça. A segurança dependerá, igualmente, do tipo em que a porta for executada. É aconselhável reduzir o número de portas externas de ingresso, principalmente em residências; visa-se, com isto, diminuir a entrada de estranhos, melhorar a fiscalização e economizar dispositivos de alarmes.

COMPONENTES DA PORTA

Uma porta compõe-se de:

1) Contra-batente
2) Batente –a) Marco
             b) Caixão ou caixotão
             c) Aduela
3) Folha – a) Lisa
             b) Almofadada
             c) Calha
4) Guarnição
5) Sôcolo ou soco
6) Batedeira ou mata-junta

Esquadrias 43

7) Ferragens – a)   Dobradiça c/ rodízio
                                s/ rodízio
                                invisível
                                panela
           b)   Fechadura cilindro
                                gorges
           c) Espelho
           d) Cruzetas
           e) Testa
           f) Contra-testa
           g) Maçanetas
           h) Tarjetas
           i) Rodízios
           j) Conchas
           l) Ferrolho
           m) Molas

CONTRA-BATENTE

    Peça de madeira, geralmente de peroba, sem rebaixo (jabre) para receber o batente, tendo por espessura de 3 a 3,50 cm e como largura a da alvenaria do vão que for revestir, portanto de 1/2 tijolo ou tijolo inteiro, ou seja, de 14 ou 28 cm respectivamente; tem a função de fixar o batente propriamente dito na fase do acabamento, quando será colocado sobre este o batente definitivo, que geralmente é de madeira de lei, cara, que não deve deixar estragar, queimar com cal no decorrer da obra, pois, peças assim não são pintadas mas sim envernizadas ou enceradas, para que se veja a beleza das veias da madeira.

    O contra-batente é fixado à alvenaria por meio de parafusos aos tacos, previamente chumbados na alvenaria na sua fase de execução. Na colocação dos contra-batentes, assim como os batentes, nos vãos de alvenaria destinados à porta, deve-se ter o cuidado de: a) prumá-lo
                                b) alinhá-lo
                                c) centralizar de acordo com os revestimentos que irão ser aplicados em cada face da alvenaria, de maneira que fique faceando o revestimento acabado e o contra-batente, ou batente quando for o caso de se ter somente ele (Fig. 3.2).

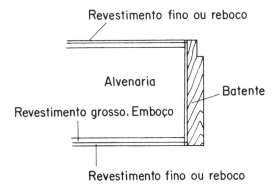

Figura 3.2

A fixação do contra-batente na alvenaria poderá ser feita através de parafuso ao taco previamente colocado na alvenaria, ou através de grapa em forma de rabo de andorinha (Fig. 3.3).

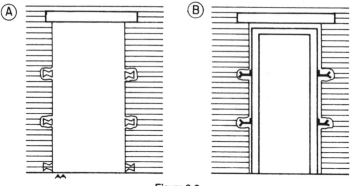

Figura 3.3

O vão em que for colocado o contra-batente deverá ter uma folga de 2 cm em relação ao vão do contra-batente montado, para se poder trabalhar, isto é, prumar, alinhar e centralizá-lo. No assentamento do contra-batente quando feito com grapa, portanto não existindo os tacos de madeira na alvenaria, fazemos furos nos mesmos lugares onde deveriam haver os tacos (Fig. 3.4), para se alojarem as grapas que serão chumbadas com argamassa de cimento e areia na dosagem de 1:3 (uma parte de cimento para 3 de areia) quando o mesmo estiver pronto, isto é, no devido lugar. Essa alternativa de parafusar os tacos ou colocar grapas no contra-batente, é devido ao acabamento que se fará com a guarnição, como veremos mais adiante.

Geralmente devemos passar sempre uma demão de óleo de linhaça nas peças de madeira, para que evite um trabalho excessivo (empeno) da madeira, assim como evitar que a mesma se queime com o cal das argamassas. O contra-batente (Fig. 3.5) é composto das seguintes peças:

a) 2 montantes
b) 1 travessa

A sobra, saliência da travessa sobre o montante chama-se orelha.

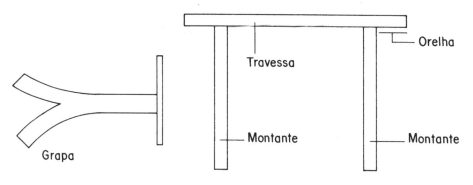

Figura 3.4   Figura 3.5

Esquadrias

BATENTE

Peça de madeira, geralmente de peroba ou outra madeira de lei, composta de 1 travessa e dois montantes como o contra-batente, porém possui o rebaixo ou jabre para receber a folha da porta; tendo por espessura, quando for o marco de 4 a 5 cm e caixão ou caixotão, 3 a 3,5 cm de espessura, e como largura 14 cm no caso de marco e 25 no caso de ser caixão ou caixotão.

O batente poderá ser:
a) marco, quando reveste totalmente a parede de 1/2 tijolo.
b) caixão ou caixotão quando reveste totalmente a parede de 1 tijolo.

O batente deverá sempre ser fixado ao vão por meio de parafusos aos tacos, previamente deixados na alvenaria ou no contra-batente, principalmente quando o remate com guarnição for feito com peças largas, de 7 cm para cima. O assento será abordado com mais detalhe no tópico guarnição. Para que esta fixação seja perfeita, devemos abrir o furo normalmente no diâmetro do parafuso, mas na face inicial escariamos ou alargamos com uma broca de diâmetro bem maior, na profundidade de 1,5 cm, com o objetivo de colocarmos após a introdução do parafuso e seu respectivo aperto uma cavilha ou bucha da mesma madeira de que é feito o batente, para taparmos o furo do início da passagem do parafuso, dando o acabamento.

O contra-batente, e quando não existir este e for somente o batente, deverá ser colocado antes de se revestir a parede com qualquer tipo de revestimento; irá portanto forçosamente sofrer o impacto do carrinho de transporte de material, do caixão de massa, etc., assim como a provável queima por parte da argamassa que será aplicada à alvenaria. Para sua proteção, utiliza-se passar ou aplicar uma ou duas demãos de óleo de linhaça puro, que protegerá não só da queima do cal como de provável empenamento.

ADUELA

Peça de madeira de lei como o contra-batente, portanto não possuindo o rebaixo para o encaixe da folha (jabre) e que serve para dar acabamento a vãos de porta sem folhas; tem a espessura de 3 a 3,5 cm, largura igual a da alvenaria a que irá ser fixada. Sua colocação é idêntica ao do batente.

Tanto nas costas do caixotão como na aduela, costuma-se fazer um bissote para evitar empeno.

GUARNIÇÃO

Peça de madeira de essência igual a da folha da porta e do batente, quando estes forem envernizados ou encerados, caso contrário, poderá ser de cedro que é o mais usual, ou de pinho, peroba, etc., quando for pintada a óleo ou esmaltado. Serve para cobrir a fresta que existe entre o batente ou contra-batente e a alvenaria, pois a argamassa não irá aderir à madeira do batente. Tem várias larguras, dependendo do tipo de folha de porta, da largura, da altura, etc., variando de 5, 7 e 9 cm, que são padronizados comercialmente; entretanto nada impede que o arquiteto projete peças fora destas dimensões. Quanto à sua espessura, varia de 1 cm a 1,50 cm.

Os seus desenhos são os mais variados possíveis, sendo o mais simples o de plano inclinado (Fig. 3.6), onde a parte mais fina é pregada ao batente no meio, espessura aproximada da sua, (Fig. 3.7) para que a folha da porta ao abrir 180º não remonte sobre a guarnição forçando a dobradiça. Como se pode deduzir, a fixação da guarnição se fará somente em 1,5 cm, ficando 3,5 cm sem fixação. Se o batente for colocado com grapas (gato ou pregos), o que é muito usual (ver Fig. 3.3). Se a guarnição for maior, 7

46   O EDIFÍCIO E SEU ACABAMENTO

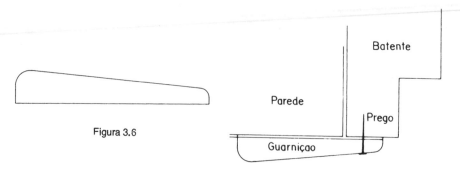

Figura 3.6

Figura 3.7

ou 9 cm, a situação fica muito pior, podendo a guarnição vir a trabalhar (empenar) e ficar uma fresta entre o revestimento e o fundo da guarnição. Para que isso não aconteça, é que utilizam-se tacos de madeira previamente colocados na alvenaria (Fig. 3.8), onde pregamos também a guarnição para que se evite o empeno.

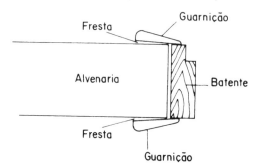

Figura 3.8

No batente tipo marco, quando aplicado em paredes de 1/2 tijolo, é como se tivéssemos um caixão ou caixotão, isto é, as extremidades do batente faceiam os revestimentos (Fig. 3.9), mas quando aplicados em paredes de 1 tijolo somente uma extremidade, a que faceia com o revestimento, é a face onde tem o jabre (rebaixo); a outra extremidade fica no meio da espessura da parede (Fig. 3.10). Assim, uma extremidade recebe guarnição e a outra não pode receber por não ter condições de fixação; entretanto a

Figura 3.9   Figura 3.10

Esquadrias

união da alvenaria e o batente precisará ter acabamento para não aparecer a fresta – para tanto utiliza-se um cordão ou meia-cana de 1,5 cm ou 2 cm para vedar a referida fresta e dar um acabamento adequado (Fig. 3.11). A meia cana ou cordão, obedece o tipo de madeira de que é feito a guarnição.

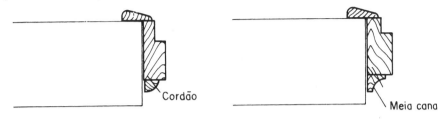

Figura 3.11

SÔCOLO

Sôcolo ou soco – peça de madeira do mesmo formato (simples) da guarnição, isto é, plano inclinado mas robusto (secção ligeiramente maior), que é empregado como arremate da guarnição com o piso em substituição ao rodapé (Fig. 3.12) nesse trecho, como melhor proteção e aparência.

BATEDEIRA OU MATA-JUNTA

Peça de madeira da mesma qualidade da folha da porta, utilizada para vedar a fresta da porta de duas folhas. Podemos utilizar uma mata-junta ou duas, sendo uma fixada em uma folha e a segunda na outra (Fig. 3.13).

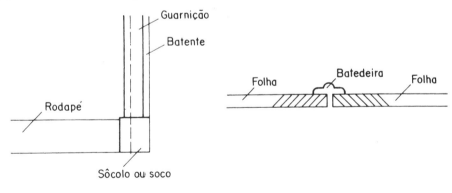

Figura 3.12   Figura 3.13

FOLHA

A folha da porta é a única parte móvel; é ela quem veda e abre o vão. A folha pode ser:

    a) almofadada   c) compensada ou lisa
    b) maciça   d) calha

A espessura mínima de uma folha é 3,5 cm, mas o ideal e mais usual é 4 cm, que permite um melhor encaixe da fechadura. A folha é constituída de um quadro formado por dois montantes e duas travessas (Fig. 3.14a), sendo que a travessa inferior é de maior largura.

Almofadada – Nas folhas almofadadas, tanto os montantes como as travessas são munidos de ranhuras que recebem os bordos ou machos das almofadas. Aumenta-se a rigidez das folhas, subdividindo as almofadas em outras maiores, quer no sentido vertical quer no horizontal (Fig. 3.14b). A almofada é o ponto fraco da folha, por que sendo de menor espessura e estando simplesmente embutida não oferece boa segurança.

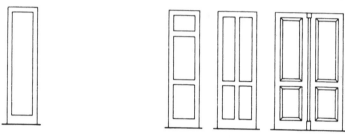

Figura 3.14a   Figura 3.14b

A segurança e o aspecto decorativo das folhas almofadadas dependem da espessura da madeira do quadro. Em folhas de portas econômicas, a espessura é de 0,03 m; o padrão é de 0,04 m, devendo elevar-se até 0,05 m se houver preocupação de bom acabamento. As almofadas são sempre de menor espessura, em geral de 0,03 m na secção mais reforçada. É importante o detalhe da sambladura da almofada com o quadro.

A borda da sambladura deve ser ligeiramente afunilada e haver sempre folga entre ela e o fundo da rachadura, para absorver a dilatação da almofada, que geralmente é uma peça de maior tamanho.

Na Fig. 3.15 mostramos diversos tipos e encaixes da almofada ao montante e travessa. A moldura rebaixada é mais econômica, por que exige madeira de maior espessura (Figs. 3.15c, d). Na moldura saliente, o montante e travessa são preparados em duas partes (Fig. 3.15b), uma lisa e outra com molduras (peça A). A peça A intermediária é primeiro encaixada no montante e travessa, em seguida, é encaixada à almofada. Os marceneiros executam um serviço mais barato e com a mesma aparência: encaixam a almofada no montante e travessa lisa e, depois de armada a folha, colocam por cima das almofadas duas molduras fixadas a prego (Fig. 3.15 e,f).

Maciça – a folha de porta é maciça quando feita de uma única peça ou, quando não for possível, no máximo em duas peças, que serão unidas formando uma única peça. Geralmente são folhas pesadas e de alto custo, atualmente pouco utilizadas.

Compensada ou lisa – são as folhas mais empregadas atualmente; apesar dos processos de construção cada vez mais aperfeiçoados, oferecem ainda alguns inconvenientes como de empenar, etc.

Geralmente essas folhas têm um quadro formando a estrutura, e o interior do quadro é feito em forma de xadrês de sarrafos cruzados à meia madeira ou tábuas justapostas, colando sobre estes o compensado desejado. A garantia dos trabalhos de madeira compensada repousa, principalmente, na cola usada, pois ela poderá sofrer desprendimento quando exposta às intempéries ou quando for aplicada tinta que tenha teor elevado de água-raz ou outro solvente. A folha inteiramente compensada (colagem de

Esquadrias

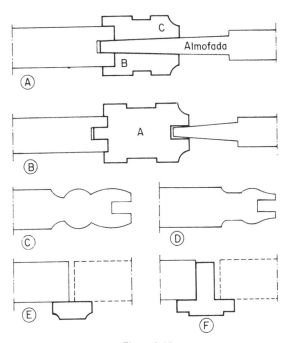

Figura 3.15

várias placas de madeira fina umas sobre as outras e em sentido contrário) sem o enquadramento não é aconselhável, pois a fixação das dobradiças e fechaduras não serão resistentes.

Calha – também chamada atualmente de mexicana – São as folhas que, depois das maciças, melhor segurança oferece.

A folha de calha é na verdade um tabuado de tábuas de 11 cm x 4 cm, aparelhadas macho e fêmea, parafusadas a 3 travessas horizontais de peroba nelas embutidas, e medindo 10 x 1,5 cm, (Fig. 3.16A). A sambladura do macho e fêmea pode ser feita de diversas maneiras, dando um acabamento mais rico à folha, como demonstra a Fig. 3.16 B, C, D.

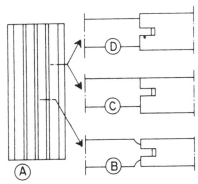

Figura 3.16

JANELAS

As janelas compõem-se das seguintes peças:

1) caixilho ou chamado de claro, que são as vidraças, onde penetra a luz mas não a ventilação.
2) escuro ou venezianas, que tem a finalidade de permitir a entrada da ventilação e obstruir a entrada da luz.
3) batente, peça que prende o claro e o escuro, isto é, a vidraça e a veneziana.
4) guarnição que remata ou encobre a fresta entre o batente e alvenaria.
5) ferragem.

As dimensões das janelas como das portas, geralmente são padronizadas, tendo largura 1,10 m x 1,30 m e 0,70 m x 0,80 m. A altura deverá ser a máxima possível, para que a ventilação seja perfeita.

Nos estilos clássicos, a janela é sempre mais alta do que larga. Hoje, entretanto, com a técnica moderna, é comum a preferência pelas janelas bastante largas que, aliás, resolvem perfeitamente o problema da iluminação e ventilação. A largura das folhas reduzidas permite melhor arrumação no interior do cômodo, principalmente quando houver cortinas, reposteiro e outras decorações do mesmo tipo. Por esse motivo, não convém projetar janelas com largura superior a 1,10 m, sempre que as vidraças forem de duas folhas de abrir. Em vãos maiores que 1,10 m, é sempre preferível usar três ou quatro folhas.

As janelas, hoje em dia, têm sido muito pouco usadas, em residências somente na parte dos dormitórios, assim mesmo substituídas por caixilhos e persianas, enquanto nos outros cômodos como sala, copa, cozinha, etc. são geralmente empregado caixilhos metálicos (cantoneiras de ferro e alumínio), basculantes, de correr, etc.

BATENTE

Os batentes das janelas são do tipo marco, isto é, não recobrem totalmente a espessura da parede e são compostas de 2 montantes e 2 travessas, formando um quadro, possuindo tantos rebaixos (jabre) quantos forem as folhas, isto é, claro, escuro, mosquiteiro, etc. Se a janela possuir somente claro (vidraça) e escuro (veneziana), o batente será o indicado na Fig. 3.17D, sendo que o claro abre para dentro e o escuro para fora. Os batentes de janela têm espessura de 0,06 a 0,08 m e a largura mais ou menos 0,15 m. A separação deixada entre as duas peças, claro e escuro (distância "a" na Fig. 3.17D, deve ser tal que permita o uso das cremonas com as respectivas maçanetas.

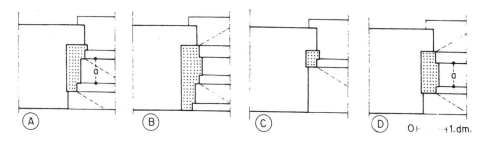

Figura 3.17

Esquadrias

Nos batentes de janela, a parte mais importante é o peitoril, cujo perfil deve ser tal que vede completamente a entrada da água de chuva, quando esta correr pelo caixilho (vidraça). O perfil do batente é indicado na Fig. 3.18A. A vidraça, por sua vez, terminará na sua parte inferior também com pingadeira.

Se a vidraça (claro) estiver mal fechada, ou a sua pingadeira mal executada, a água da chuva poderá vazar para o interior. Esta água será recolhida por um rebaixo e furos existentes no peitoril e levada para a pingadeira do peitoril (Fig. 3.18). As pingadeiras merecem um cuidado muito especial, pois do contrário não irão funcionar; é muito comum a tendência dos marceneiros fazerem uma simples ranhura muito estreita e rasa como sendo pingadeira, e o resultado é que as águas de chuvas penetram para o interior.

Os furos dos batentes para o escoamento das águas provenientes das vidraças (claro) devem ser constantemente limpos e desobstruídos. A fixação dos batentes deve ser feita identicamente a da porta e na mesma etapa. A madeira empregada na feitura dos batentes é a peroba-rosa.

VIDRAÇA

Vidraça ou claro – a vidraça ou claro é geralmente de madeira, principalmente em residências. As essências mais indicadas para a execução são o pinho de riga, que é madeira importada, atualmente inexeqüível, cedro ou cabreúva. O quadro exterior tem em geral a largura de 0,07 m e os baguetes, que fazem os retângulos que recebem os vidros, 0,02 m. O vidro é fixado em rebaixo com pregos sem cabeça e massa de vidraceiro. A massa de vidraceiro deverá ser aplicada interna e externamente, para perfeita vedação, como mostra a Fig. 3.19. Se o claro for pintado com tinta a óleo, a massa inter-

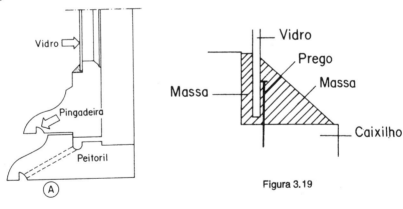

Figura 3.18

Figura 3.19

na deverá ter o corante da tinta aplicada na janela, pois do contrário irá se ver através da espessura do vidro a massa de cor esbranquiçada.

Quanto ao funcionamento, o "claro" será de:
 a) abrir
 b) correr
 c) guilhotina
 d) sanfona

a) *Abrir* – funciona como se fosse uma porta de 2 folhas.

b) *Correr* – o movimento é horizontal, tendo o claro a largura do quadro dividida em 4 partes, sendo 2 fixas uma para çada lado e duas outras móveis, conforme Fig. 3.20, deslocando cada uma para um lado.

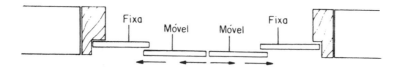

Figura 3.20

Como se pode observar, com esses tipos de abertura, perde-se a metade do vão total em ventilação e precisa-se muito cuidado com a fresta entre a folha móvel e a folha fixa, pois com chuva com vento pode penetrar água para o interior.

a) *Guilhotina* – o movimento das folhas é no sentido vertical. Aqui também perde-se a metade do vão em ventilação, pois a metade do vão é fechado por uma folha.

Podemos ter uma folha aprisionada na metade superior e movimentar a outra parte descendo, onde fechamos totalmente a ventilação ou mantê-la na metade superior juntamente com a outra parte, dando ventilação da metade do vão. Ambas as folhas se movimentam verticalmente, pois as guias (rebaixo) são independentes (Fig. 3.21).

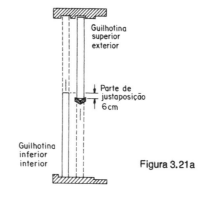

Figura 3.21a

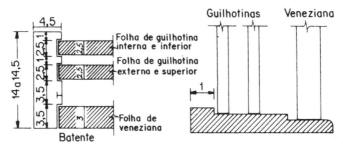

Figura 3.21

Esquadrias 53

d) *Sanfona* – o movimento das folhas (seção horizontal) sobrepondo uma parte sobre a outra. As folhas das janelas são subdivididas e deslisam sobre um rebaixo feito nas travessas inferior e superior do quadro do batente. Esse tipo de movimento tem a vantagem que permite o aproveitamento total do vão (Fig. 3.22), assim como do espaço da abertura da folha no interior do cômodo, que fica reduzido.

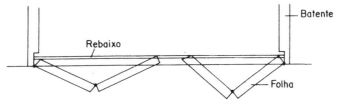

Figura 3.22

VENEZIANAS

As venezianas são constituídas de um quadro de 2 montantes e 2 travessas, com 0,07 m mais ou menos de espessura, e de palhetas encaixadas entre os montantes. As palhetas não devem ter comprimento superior a 0,40 m ou 0,50 m. Se houver necessidade de terem maior comprimento, será preferível subdividi-las com auxílio de um montante central (Fig. 3.23B). Quanto à sua aparência, temos as palhetas que ficam no interior do quadro, que são as venezianas mais comuns, e as em que a extremidade da palheta do lado externo fica saliente, chamada veneziana portuguesa (Fig. 3.24A, B). Quando o estilo da construção exige, podemos substituir a veneziana por colméia ou rótulas, que possuem como as janelas (veneziana) os montantes e travessas e em substituição às palhetas coloca-se um enxadrezado de varetas de 0,5 cm de espessura por 1,0 cm de largura, formando uma colméia de pequenos losangos (Fig. 3.25). A rótula ou colméia, além de permitir abundante luz e ventilação, deixa passar o sol e, nisto, é superior à veneziana. A desvantagem é a possibilidade de se ver através dela, quando o cômodo estiver iluminado internamente.

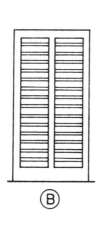

Figura 3.23

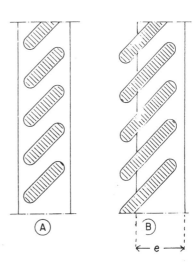

Figura 3.24

Figura 3.25

PERSIANAS

São venezianas de enrolar, oferecem vantagens ao par de algumas desvantagens. A qualidade principal é poder ser manobrada do interior sem abrir a janela. Outra vantagem é a de poder servir de toldo, porque trabalham dentro de corrediças que podem ser articuladas e ficar em posição inclinado sobre a fachada.

As desvantagens são provenientes da má escolha da madeira, que com as intempéries pode empenar, tornando o deslisamento e o enrolamento dificultoso. Outra desvantagem é o barulho demasiado que faz na operação de enrolar e desenrolar e, por fim, a necessidade da caixa junto ao forro, que abrigará a persiana quando enrolada.

As persianas são formadas por réguas de madeira freijó, chanfradas, com 15 mm de espessura, articuladas por meio de grampos de arame de latão espaçados de 50 cm no máximo. Recolhedores para cadarço de 25 mm de largura, em chapas de ferro com molas de aço e espelho de latão niquelado.

As guias das persianas serão de perfilados de ferro projetáveis. Para a caixa, eixo tubular, polias de madeira e o mancal com rodízio. A caixa, tratando-se de persianas de madeira, deverá ter as seguintes dimensões (Fig. 3.26).

ESQUADRIAS METÁLICAS

As esquadrias metálicas poderão ser executadas em ferro em cantoneiras, alumínio em cantoneiras tubulares ou chapa de ferro dobrada; todos os quadros fixos ou móveis serão perfeitamente esquadriados e justapostos; terão os ângulos bem executados e, se for o caso, soldados, bem esmerilhados ou limados, de modo a desaparecer as rebarbas e saliências; assim como os furos dos rebites ou dos parafusos serão escariados e as asperezas limadas.

As fixações das esquadrias de ferro-cantoneira, das de chapa dobrada, e os quadros das esquadrias de alumínio, serão feitas com grampos de ferro em cauda de andorinha, chumbados na alvenaria com argamassa de cimento e areia na dosagem de 1 parte de cimento para 3 partes de areia de rio lavada, espaçados de aproximadamente 60 cm, sendo 2 o número mínimo de grampos em cada lado. Os grampos serão fixados à esquadria propriamente dita por meio de parafusos. As chapas destinadas às feituras de perfís, terão, no mínimo 2 mm de espessura e deverão ser tratados com produtos anti-ferruginosos que não estejam incluídos como material de pintura.

Nas peças de alumínio só deverão ser feitas as ligações por soldagem autógena, por encaixe ou por auto-rebitagem e, em casos especiais, parafusos de aço cadmiado cromado. Para as peças de alumínio, quando for necessário um bom funcionamento,

Esquadrias

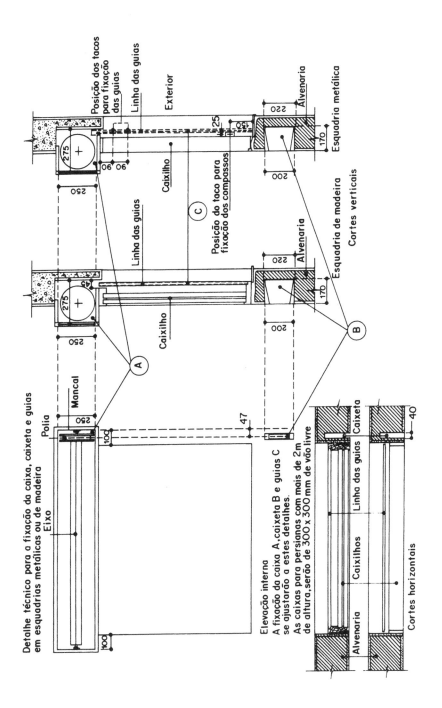

Figura 3.26

utilizar vaselina em vez de graxa. Assim, na limpeza não usar material abrasivo como bom-bril, mas somente querosene, aguarrás, etc., para não prejudicar a anodização.

Nas esquadrias de alumínio não será permitido contato direto de elementos de cobre e outros metais; quando forem necessários far-se-á isolamento por meio de pintura de cromato de zinco, borracha clorada, plástico, betume asfáltico, etc.

FERRAGENS

São peças metálicas para sustentação, fixação e movimentação das esquadrias, podendo ser em ferro, bronze, trabalhado ou não, constituídos de:

1) Dobradiças
2) Fechadura
3) Contratestas
4) Espelhos
5) Rosetas
6) Maçanetas
7) Puxadores
8) Ferrolhos
9) Rodízios
10) Cremonas
11) Tarjetas
12) Carrancas
13) Fixadores ou prendedores
14) Fechos

DOBRADIÇA

É composta de duas chapas metálicas denominadas "asas", interligadas por um eixo vertical chamado de "pino". Estas interligações poderão ser simples (Fig. 3.27A) e com rodízio, que diminui o atrito entre as peças de união entre as duas asas (Fig. 3.27B). Podemos classificar as dobradiças em:

1) Simples – a) com rodízio (Fig. 3.27B)
             b) sem rodízio (Fig. 3.27A)
             c) corta-fogo (Fig. 3.28)
2) Palmela (Fig. 3.31)
3) Invisível ou tipo liceu (Fig. 3.29)
4) Vai-vem
5) Com chumbadores
6) Tipo piano

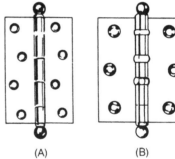

(A)   (B)

Figura 3.27

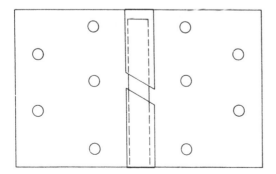

Figura 3.28

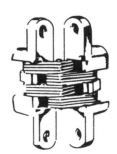

Figura 3.29

Esquadrias

As dobradiças simples vão desde 2" até 6"; podemos ter 3 ou 4 furos em cada asa para a fixação no batente e na folha; o pino (eixo) poderá nas extremidades ter acabamento em bola ou ñão. A dobradiça corta-fogo difere das normais, na face dos engates que são obliqüos em vez de horizontais (Fig. 3.28). Assim abre-se a folha da porta, soltando-a ela fechará automaticamente, devido o seu próprio peso que obrigará os engates das asas a deslisarem uns sobre os outros. Esse tipo de dobradiça é utilizado em portas corta-fogo, que deverão estar perfeitamente fechadas mesmo com descuido dos usuários ao deixá-la aberta.

O cuidado principal na colocação das dobradiças simples é que o pino deve ter uma pequena saliência sobre o parâmetro do batente-folha; desta saliência depende o bom funcionamento da esquadria. Se não houver a saliência, a porta encosta no rodapé e na guarnição e não pode abrir completamente. Qualquer esforço, então, danificará as dobradiças, fazendo soltar os parafusos (Fig. 3.30).

Nas dobradiças "palmela" as asas são excessivamente largas e o pino fica muito saliente, metade da saliência entre a alvenaria e batente. São usadas em venezianas, quando o batente é tipo marco, que não reveste totalmente a espessura da alvenaria, e para que a folha da veneziana movimente em uma rotação de 180º (Fig. 3.31).

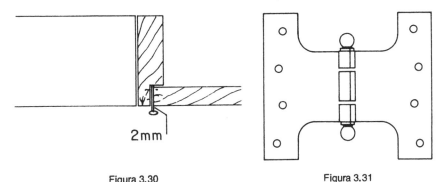

Figura 3.30 Figura 3.31

Dobradiça invisível ou tipo liceu é aquela que fica na espessura da porta, não possui pino saliente e não aparece externamente; a sua fixação se faz na espessura da folha através de 2 parafusos, assim como no batente através da profundidade do rebaixo (jabre).

Tipo vai-vem é uma dobradiça que possui dois pinos que, na verdade, são molas. Para a aplicação desse tipo de dobradiça, o batente não necessita de rebaixo (jabre) e permite a folha da porta abrir nos dois sentidos, interna e externamente (Fig. 3.33).

Dobradiça com chumbador é aquela que uma das asas é chumbada; é feita em forma de rabo de andorinha para ser chumbada na alvenaria (Fig. 3.34), portanto não necessita de batente. Muito utilizada em portões de entrada de garagem, jardins, etc. As folhas das portas recebem no mínimo 3 dobradiças, uma na parte superior, outra na inferior e a terceira no meio; facilita a movimentação e também trava o montante da folha não deixando trabalhar (empenar).

Tipo piano – essa dobradiça se caracteriza por ser uma peça única, isto é, a asa tem o comprimento da folha, e é vendida por metro linear. É muito utilizada em portas de armários, onde não deve aparecer o pino e a saliência da dobradiça. Nesta dobradiça o pino é um arame; tem o nome de dobradiça tipo piano por ser aplicada no tampo dos teclados do piano (Fig. 3.32).

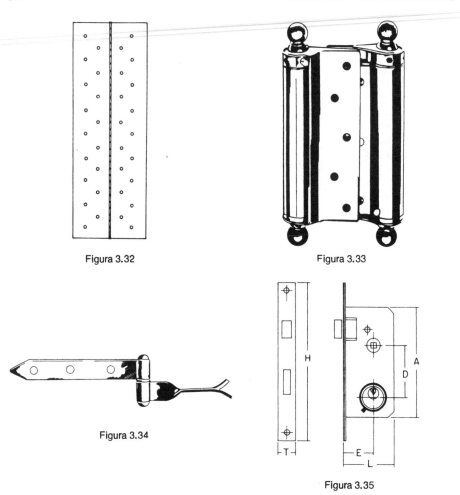

Figura 3.32

Figura 3.33

Figura 3.34

Figura 3.35

FECHADURA

É um mecanismo colocado nas folhas das portas para travar a sua abertura. Podemos classificar as fechaduras em:

a) de embutir   tipo cilindro
                     tipo gorges
                     tipo correr

b) de sobrepor

Tipo cilindro é uma fechadura onde o mecanismo da abertura e fechamento da lingüeta comandada pela chave é removível. O tipo de chave que comanda a lingüeta é da Fig. 3.36. São utilizadas geralmente em folhas de portas que dão comunicação com a parte externa da casa.

Tipo gorges é o tipo mais antigo de fechadura. O mecanismo que aciona a lingüeta da chave é parte integrante do corpo da fechadura. O tipo da chave é o clássico, como mostra a Fig. 3.37.

Esquadrias

Figura 3.36   Figura 3.37

De correr – é uma fechadura utilizada em folhas de porta de correr, onde a lingüeta da chave tem a forma de gancho, para que possa travar o movimento da folha (Fig. 3.38).

Todas as fechaduras têm suas características próprias. Assim precisamos verificar numa fechadura certas distâncias e dimensões, pois se houver necessidade de se trocar uma fechadura, as furações da folha só irão coincidir se tivermos as distâncias das características dela coincidindo com a que se vai trocar.

Os cuidados na escolha de uma fechadura é função do tipo de folha de porta. Se temos folha lisa onde o montante está embutido, e portanto não está a vista, não sabendo a sua largura devemos comprar fechadura curta, ou seja, a distância "L" pequena. Outro cuidado é com a distância "E", pois se tivermos uma folha em um batente tipo marco, e a distância "E" sendo pequena, ao segurar a maçaneta tipo bola, e girar para abrirmos, podemos esfregar as juntas dos dedos no referido batente; devemos então trocar o tipo de maçaneta para o tipo alavanca (Fig. 3.45a). A distância "T" da testa é outra dimensão com a qual é preciso ter cuidado na compra de fechadura, pois se "T" for larga e a folha estreita, não se terá muita segurança pois a espessura de madeira onde for encaixada a fechadura será mínima. (Fig. 3.35)

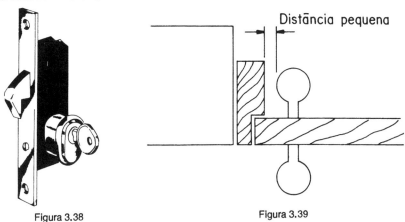

Figura 3.38   Figura 3.39

Fechadura de sobrepor é uma fechadura embutida; é fixada lateralmente em uma face da folha da porta, geralmente na parte interna. É utilizada para portões externos (Fig. 3.41).

CONTRATESTA

É uma lâmina metálica com aberturas para encaixe das lingüetas do trinco e da chave, sendo que na abertura do trinco existe um ressalto para proteger a madeira do batente contra a própria lingüeta do trinco, que tende a esfregar (bater) na madeira para que a mesma se recolha a fim da folha se encaixar no rebaixo (jabre) e a lingüeta penetrar no furo correspondente para travar a abertura da folha, evitando assim marcar o batente (Fig. 3.40). Na colocação da contratesta, deve-se ter o cuidado de deixar o ressalto pelo menos 2 mm saliente do batente.

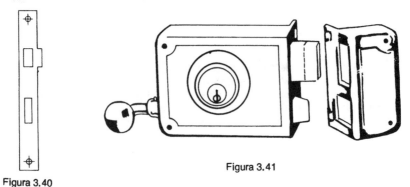

Figura 3.40

Figura 3.41

ESPELHO

Chapa metálica com dois orifícios para introdução da chave e do eixo do trinco, com a finalidade de dar remate nas faces laterais da folha da porta onde foram feitos os buracos (Fig. 3.42).

ROSETAS

Quando não se quer colocar espelho, peça única com os dois orifícios, pode-se aplicar as rosetas, que são chapas pequenas que têm furação para cada utilidade e são isoladas (Fig. 3.43).

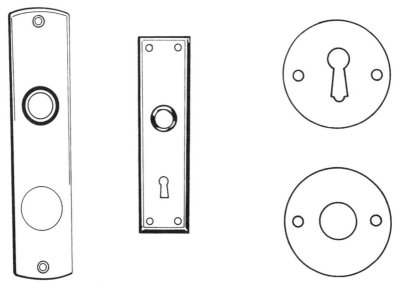

Figura 3.42

Figura 3.43

Esquadrias

MAÇANETAS

São peças com a qual abrimos, fechamos e movimentamos uma folha de porta. Geralmente são de 2 modelos – de bola e de alavanca. Ambas apresentam vantagens e desvantagens quando aplicadas unicamente em um modelo. Se aplicarmos somente o modelo bola (Fig. 3.44), temos a vantagem de não provocar a fadiga na mola do trinco, e como desvantagem é que ela ficando perto do batente, não se tem espaço para rodar a maçaneta sem esfregar as juntas dos dedos no batente (Fig. 3.44a).

Na maçaneta alavanca (fig. 3.45a), esse problema não existirá, entretanto, com o tempo, devido ao centro de gravidade estar deslocado do eixo do trinco, causar fadiga na mola e ficar um pouco arriada fora da horizontal (Fig. 3.45b), dando um aspecto desagradável. O jeito é utilizar ambas ao mesmo tempo, bola pelo lado de fora e alavanca por dentro.

Figura 3.44

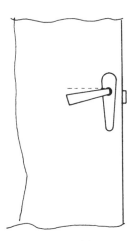

Figura 3.45a   Figura 3.45b

PUXADORES

São peças com a única finalidade de movimentar a folha e não possui mecanismo de trava. (Fig. 3.47); há puxadores com trava tipo trinco de maçaneta usada em caxilhos de correr. (Fig. 3.46).

O EDIFÍCIO E SEU ACABAMENTO

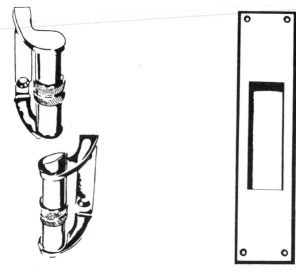

Figura 3.46 Figura 3.47

FERROLHO

Peça utilizada para prender a folha no chão quando houver 2 folhas de porta.

RODÍZIO

Peças com roldanas, para perfeito deslizamento da folha da porta de correr. A ferragem de folha de correr compõe-se de trilho, rodízio, guia, pivô e concha (Fig. 3.48a, b, c, d). A colocação da ferragem em folha de porta de correr é difícil, pois tem-se que esconder o trilho e o rodízio e ao mesmo tempo ter condições de fazer manutenção ou con-

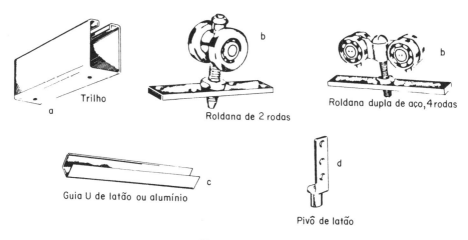

Figura 3.48

Esquadrias

serto. A técnica correta é: coloca-se a travessa do batente com o rebaixo onde se fixará o trilho (Fig.3.50). Corta-se a alvenaria de um dos lados, dando acabamento de argamassa fina internamente. A outra parte da alvenaria será executada por partes, dando o acabamento interno nos primeiros 50 cm; fixa-se o trilho antes do respaldo, cortando no centro do vão uns 15 cm do trilho e parte da travessa do batente (Fig. 3.49). Após a execução de toda a alvenaria, coloca-se os rodízios através do corte da travessa e do corte do trilho. Em seguida, suspende-se a folha e regula-se com chave própria a altura da folha, para não raspar na guia fixada no chão assim como no trilho superior. A fresta que existir é tirada após fixação do corte da travessa com um pequeno pedaço de madeira da mesmas essência do batente, por meio de parafusos, e colocada a guarnição. Para uma eventual troca de rodízio ou conserto, tira-se a guarnição, desparafusa-se o pedaço da travessa, chega-se a folha da porta até o rodízio aparecer no corte e, com a chave própria, retira-se o rodízio.

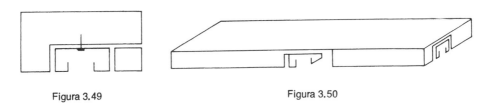

Figura 3.49   Figura 3.50

CREMONA

É o mecanismo que substitui na janela a fechadura da porta. É composto de uma cremalheira que movimenta duas varetas de ferro, que faz as vezes de ferrolho, podendo ser simples ou com mecanismo de chave que trava o movimento de rotação da cremona (Fig. 3.51).

TARJETAS

São peças que imitam o ferrolho, utilizadas para portinholas, portas de sanitários como trava (Fig. 3.54 a e b).

CARRANCAS

São peças fixadas na alvenaria externa para prender as venezianas quando abertas, para que o vento não as faça bater (Fig. 3.52).

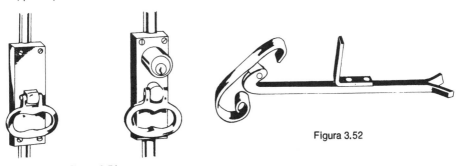

Figura 3.52

Figura 3.51

FIXADORES OU PRENDEDORES

São peças que são fixadas no rodapé, no soalho e na folha da porta, com o objetivo de fixar a folha para que ela, sobre ação do vento, não venha bater (Fig. 3.53).

Fecho – peça do tipo da tarjeta e ferrolho, no qual existe uma mola que traz sempre a peça travada (Fig. 3.55).

Figura 3.53

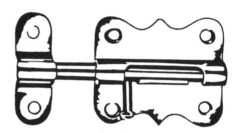

Figura 3.54a   Figura 3.54b

Figura 3.55

Capítulo 4
ARGAMASSA

ARGAMASSA

Numa construção civil, mais especificamente na construção de um edifício, a argamassa entra como elemento que fixa os materiais entre si como uma cola.

É lamentável que não se dê a importância devida à argamassa, pois é ela a responsável pela ligação dos elementos, bem como pela aparência e qualidade do acabamento, seja ele interno ou externo, funcionando como um creme para fundo de maquiagem de uma pele.

Quando se trata de concreto, existe uma preocupação, talvez exagerada, com relação à sua dosagem, seu traço, fator água-cimento, impurezas dos agregados, sua resistência, sua trabalhabilidade etc.; certo é que o concreto merece esta atenção devido sua função dentro da estrutura de um edifício.

Queríamos também dar uma atenção relativa à argamassa, não pela sua atuação na estrutura, porém pelos seus objetivos dentro da construção do edifício. Isso porque o que se constata numa obra de edificação, é que não existe um controle, para ser otimista, com relação aos traços preestabelecidos em memoriais e especificações quanto às diversas finalidades das argamassas.

O papel dos traços, como são hoje aplicados, visa designar a relação de quantidade em volume ou peso, quantidade de aglomeração e material inerte, por uma relação de números designado como traço. Quando se tratar de concreto, os traços serão rigorosamente controlados nos canteiros de obras ou nas usinas de concreto; e seus volumes através de padiolas pré-dimensionadas, umidade, granulometria do material inerte, ou seja areia e brita, etc.; entretanto, no preparo das argamassas não se tem controle ou preocupação nenhuma.

Em todos os compêndios, tratados, assim como memoriais, especificações, aparecem no campo das argamassas as seguintes indicações:

Argamassa de cal e areia nos "traços"
1:1, 1:2, 1:3, 1:4, etc.

Argamassa de cimento e areia nos "traços"
1:1, 1:2, 1:3, 1:4, etc.

Argamassa mista nos "traços"
1:2/4, 1:4/8, 1:4/12, etc.

Como se observa, até a simbologia da designação dos traços na argamassa mista é diferente. No concreto se designa 1:4:8; numa argamassa mista, 1:4/12. Ninguém teve a preocupação de saber e explicar porque essa simbologia. Não existe uma justificativa razoável da escolha de um determinado "traço", não se especifica se pasta de cal, água de cal ou cal hidratada; se o material inerte utilizado é areia de rio lavada, areia de cava ou areia de estrada, qual a sua granulometria, etc.

A escolha é quase pessoal, como se observa na argamassa para o assentamento de tijolos, bem como para o revestimento de regularização (emboço), onde é indicado argamassa de cal e areia 1:3 e 1:4 e, às vezes, argamassa mixta 1:4/12.

Se compararmos os critérios adotados na formulação dos traços de concreto e de argamassa, verifica-se uma diferença enorme. No concreto levam-se em conta: tensões de ruptura, tensões aos 28 dias, consumo de cimento, trabalhabilidade, etc.

TRAÇO

E na argamassa, em que se baseia para fixar um traço? Observa-se, atualmente, que o preparo de uma argamassa é empírica e sua feitura fica a cargo de um servente, que não tem noção alguma de técnica, mas que, pela sua grande prática, vivência de serviço e, por que não dizer, pela coação ou exigência do aplicador, exige-se argamassa no "ponto", isto é, na designação popular de nem "gorda" nem "magra". Sabemos que o material inerte "areia", quando proveniente de jazidas do sub-solo (cava) assim como as areias de estradas, consomem menos cal do que areia de rio lavada, devido a sua textura que lhe dá melhor plasticidade. Portanto o "traço" deveria variar se a qualidade de areia variasse, corrigindo-se o traço inicial.

Nas argamassas mistas devemos fazer distinções, pois poderemos ter argamassa onde o aglomerante é o cal e adiciona-se quantidade menor, em relação à cal, de cimento; assim como poderemos ter o inverso, ou seja, o aglomerante predominante é o cimento e adiciona-se quantidade menor, em relação ao cimento, de cal.

Esse fato justifica-se, pois quando temos argamassa de cal e areia, e queremos maior resistência, adicionamos partes de cimento. Na argamassa de cimento e areia, querendo maior plasticidade e trabalhabilidade, adicionamos cal, que age também como um retardador da "pega" do cimento. A finalidade é dar maior plasticidade, trabalhabilidade e também um retardamento da "pega" do cimento.

Quanto à simbologia aplicada comumente de representar simplesmente de "argamassa mista 1:4/12", não fica esclarecida totalmente a mistura. É necessário que se diga "argamassa mista de cal e areia 1:4/12" ou "argamassa mista de cimento e areia 1:4/12", onde na primeira a argamassa predominante ou básica é de cal e areia 1:4, e depois é adicionado cimento na proporção de uma parte de cimento para 12 partes de argamassa básica de cal e areia 1:4.

Na segunda, a argamassa básica é de cimento e areia 1:4, e depois adicionado cal na proporção de uma parte de cal para 12 partes de argamassa básica de cimento e areia 1:4.

Entretanto, a prática e o uso do preparo das argamassas mistas é feita no próprio "caixote" do aplicador, não no "amassador geral", sem um único critério lógico justificável e plausível para a quantidade de cimento incorporado na argamassa de cal e areia, preparada com antecedência no "amassador". Como é visto, designa-se "traço" de argamassa simplesmente por designar, pois realmente a sua feitura não é controlada e nem fiscalizada, ficando ao arbítrio do servente que a prepara e do "mestre de obra" que dá as ordens. Concluímos então que a designação de um traço de argamassa é feito simplesmente para cumprir uma formalidade, ou para efeito orçamentário de custo. O certo e mais lógico seria dizer simplesmente dosagem.

DOSAGEM

Na dosagem de uma argamassa para fixação do traço devemos levar em consideração três fatores importantes: Resistência, Granulometria, Trabalhabilidade, sem dizer

Argamassa

da necessidade do controle no canteiro de obra. Inicialmente deverá ter uma normalização de produção de cal semelhante ao cimento, pois o que se tem hoje no que tange a cal é uma divergência muito grande quanto à sua qualidade e rendimento, devido a qualidade da jazida, da queima, da hidratação, etc., obtendo-se produtos de qualidades as mais diversas possíveis.

RESISTÊNCIA

Partindo dessa premissa, diremos que a resistência de uma argamassa é função da quantidade de aglomerante adicionado, isto nas argamassas simples; nas mistas é o adicionamento do cimento nas argamassas de base, cal e areia em quantidades crescentes, de maneira que se obtenha do produto uma resistência equivalente aos elementos a serem unidos. Assim, para o assentamento de tijolos comuns será diferente da que se utilizará para o assentamento de blocos de cimento.

GRANULOMETRIA

Na mista, onde é adicionada cal, a resistência é garantida pela feitura de argamassa de base cimento e areia; a cal introduzida para fornecer plasticidade; sua quantidade será controlada através de análise e pesquisa de laboratório, previamente, levando em consideração a granulometria do material inerte. Assim sendo, canalizaremos a dosagem das argamassas de acordo com seu emprego.

CLASSIFICAÇÃO DAS ARGAMASSAS

Classificaremos as argamassas de acordo com sua função. Assim teremos:

a) Argamassa de aderência – chapisco
b) Argamassa de junta
c) Argamassa de regularização – emboço
d) Argamassa de acabamento-reboco
e) Argamassas especiais.

ARGAMASSA DE ADERÊNCIA

Esta argamassa tem como finalidade proporcionar condições de aspereza em superfícies muito lisas e praticamente sem poros como: concreto, cerâmicas, tijolos laminados, tijolos prensados, etc., criando condições de receber outro tipo de argamassa e, portanto, argamassa de suporte. Sua aplicação é diferente, pois é jogada com certa violência a uma determinada distância de lançamento, para que haja um certo impacto, a fim de dar maior aderência e aspereza. A superfície que irá receber o chapisco não deve ser molhada antecipadamente, pois a argamassa de chapisco é bastante fluida. Devido o seu modo de aplicação, a perda é muito grande. A sua aparência é semelhante à superfície de um ralador, portanto, a finalidade é proporcionar a aspereza em superfícies lisas, de pouca porosidade. Assim sendo, o primeiro cuidado que devemos ter é obter uma argamassa que tenha maior quantidade de material fino, fino este que seja compatível com a porosidade e a resistência do elemento suporte.

Assim sendo, devemos ter argamassa de cimento e areia, onde, com maior ou menor quantidade de aglomerante, obtemos o material fino e logicamente com maior ou menor resistência, ficando o material inerte responsável quase que totalmente pela aspereza.

Assim a água excessiva da argamassa é distribuída em parte para a reação química do cimento e outra parte é absorvida pelo material suporte (base), donde a relação água/cimento deve ser mantida para se obter a resistência desejada da argamassa.

Essa argamassa é bastante fluida, em estado quase líquido, não chegando a plástico.

ARGAMASSA DE JUNTA

Tem por finalidade unir elementos da construção; tendo encargo complexo de evitar tensões, amortizar choques e micromovimentos. Ela é de fácil manuseio, moderada plasticidade, não devendo correr ou deformar se sem influência de agente mecânico; quando preparada e em estado de aplicação, a capacidade capilar não deve ser maior do que a dos elementos que irá unir. A resistência dessa argamassa é função da quantiidade de aglomerante (cal ou cimento) introduzido na argamassa simples; na mista, o adicionamento de cimento na argamassa de base (cal e areia) é em quantidade crescente, de maneira que se obtenha resistência equivalente aos elementos a serem unidos assim como a granulometria do material inerte.

Essa equivalência é a transição entre o elemento de base (suporte) e o acabamento. Assim não devemos assentar azulejos em paredes que foram regularizadas (emboçadas) com argamassas simples de cal e areia. Devemos ter sempre uma resistência intermediária (média) entre os elementos, que chamaremos de suporte e de acabamento.

Assim temos dois caminhos:

a) Elemento suporte de pequena resistência (tijolo) e acabamento de razoável resistência (azulejos, mármore, pedras).

A argamassa de regularização (emboço) deverá ser mais resistente que o elemento suporte, e menos resistente que o elemento de acabamento.

b) Elemento suporte de grande resistência (laje: vigas e pilares de concreto armado) e o de acabamento, pequena resistência (reboco).

Aqui também não devemos esquecer a granulometria, que é função direta do tipo de porosidade dos elementos que serão unidos. Assim o material inerte terá a granulometria equivalente dos materiais a serem unidos, exemplo é a argamassa para assentamento de azulejos, em que a granulometria da areia é fina para ser compatível com a porosidade do azulejo.

ARGAMASSA DE REGULARIZAÇÃO – EMBOÇO

Deve atuar como uma boa capa de chuvas, evitar a infiltração e penetração de águas sem, porém, impedir a ação capilar que transporta a umidade de material da alvenaria à superfície exterior desta. Deve também uniformizar a superfície, tirando as irregularidades dos tijolos, sobras de massas, regularizando o prumo e alinhamento de paredes. Essa argamassa terá os mesmos cuidados que foram abordados na argamassa de juntas, pois ela em última análise não deixa de ser uma junta, apesar da sua função primordial ser de regularização. Nesse tipo de argamassa, para sua preparação, devemos seguir dois caminhos:

1) Elementos suportes de pequena resistência (paredes de tijolos), acabamento final de grande resistência. A argamassa deverá ser mais resistente que o elemento suporte e menos resistente que o elemento de acabamento.

2) Elemento de suporte de grande resistência (concreto) e o acabamento de pequena resistência (reboco). Neste caso, a argamassa deverá ter resistência decrescente do elemento suporte para o de acabamento.

Argamassa

A granulometria do material inerte nessa argamassa não tem variação; deverá ser sempre do tipo médio para se obter a porosidade necessária para perfeita aderência na função de junta ou de regularização; para tanto o seu acabamento não deve ser esmerado, isto é, não deve ser desempenado, mas simplesmente sarrafeado.

ARGAMASSA DE ACABAMENTO – REBOCO

Atua como superfície suporte para pintura, portanto, com aspecto agradável, superfície perfeitamente lisa e regular, com pouca porosidade e de pequena espessura, ordem de 2 mm. Ela é preparada com material inerte de granulometria fina que, para tanto, usa-se peneira de malha fina, chamada vulgarmente de peneira de fubá.

O aglomerante cal entra em excesso, portanto uma argamassa "gorda", devendo ter como conseqüência pequena espessura para evitar fissuras na retração. Hoje em dia, esta se deixando de prepará-la no canteiro, existindo firmas especializadas em sua preparação, tornando um material já industrializado.

Argamassas especiais: estas argamassas não serão abordadas aqui neste capítulo, por serem as mesmas industrializadas, tendo cada firma sua patente de preparo e recomendações especiais de aplicações. Entretanto, será focalizada em capítulo próprio de revestimento de parede, sua tecnologia de aplicação, assim como alguns preparos.

Capítulo 5
REVESTIMENTO DE PAREDE

Iremos considerar três tipos de revestimentos: 1) revestimento de parede, 2) revestimento de piso e 3) revestimento de forro.

Nos revestimentos de paredes, consideraremos subdivisão em argamassas e não argamassados.

NORMAS GERAIS

Antes de ser iniciado qualquer serviço de revestimento, deverão ser testadas as canalizações ou redes condutoras de fluidos em geral, à pressão recomendada para cada caso. Isso às vezes torna-se difícil, por não se ter à mão os encanadores e esgoteiros, que geralmente são operários autônomos que empreitam os serviços. Como as instalações hidro-sanitárias são executadas parceladamente, não é um serviço contínuo, têm suas etapas bem caracterizadas, nem sempre há o operário no início dessas etapas, conseqüentemente, para não atrasar a obra e não ter pedreiros ociosos, avança-se em serviços que, pela seqüência, não deveriam ser executados. Ex.: após a execução da alvenaria, deveria ser executado parte das instalações hidro-sanitárias, entretanto, devido ao exposto, faz-se o revestimento grosso e depois parte das instalações, isto é, a colocação das tubulações nas paredes. O correto é a colocação das tubulações hidro--sanitárias, testar e revestir.

As superfícies a revestir deverão ser limpas e molhadas antes de qualquer revestimento, salvo casos excepcionais. O motivo desse cuidado é tirar o pó que fica nas paredes, condições naturais de trabalho próprias da obra.

Molhando a parede executamos a limpeza razoável, dando melhores condições de fixação do revestimento, assim como, molhando-se o tijolo, este não irá absorver a água da argamassa que é necessária para a própria reação ao aglomerante (cal). Quando existem gorduras, vestígios orgânicos como limo, fuligem, etc. e outras impurezas que possam acarretar futuros desprendimentos, deverá ser feita limpeza especial.

— As superfícies aparentes de concreto, tijolos furados, laminados ou prensados, serão previamente chapiscados com argamassa de cimento e areia grossa na proporção de 1 para 2, ou 1:2, recobrindo-se totalmente, se necessário, com duas demãos de chapiscado para maior uniformidade.

— Os revestimentos de argamassa, salvo os emboços desempenados, serão constituídos, no mínimo, de duas camadas superpostas, contínuas e uniformes:

— Os emboços só serão iniciados após a completa pega das argamassas de alvenaria e chapiscados, colocados os batentes, embutidas as canalizações e concluída a cobertura.

Revestimento de parede

— Os revestimentos deverão apresentar parâmetros perfeitamente desempenados, prumados, alinhados e nivelados.

— Se for usada cal extinta em pasta ou água de cal para preparo da argamassa, suas aplicações em revestimento só deverão ser feitas pelo menos 3 dias após sua extinção e peneiramento, a fim de evitar rebentamentos futuros.

REVESTIMENTOS ARGAMASSADOS

Chapiscado — O chapiscado, como já foi dito, é uma argamassa de aderência, e proporciona condições de fixação para outro elemento. Ele é usado em superfícies lisas como concreto, tijolos laminados, etc., entretanto, também é aplicado como capa ou véu impermeabilizante em certas circunstâncias, por exemplo: a) paredes externas de alvenaria de tijolo comum, onde o impacto das intempéries é mais sentido; b) em paredes externas de blocos de cimento, onde a sua porosidade é excessiva, diferenciando da porosidade da argamassa de junta, tendo como conseqüência, após um período de chuvas no painel uma aparência desagradável, como um filme ou retrato do assentamento dos blocos.

Ele também pode ser usado como revestimento de acabamento, sendo às vezes utilizado em sua composição seixos rolados ou brita nº 1, para apresentar uma aspereza grosseira.

A sua composição é de cimento e areia grossa, na porporção de 1:3 ou 1:4 bastante fluida.

A sua aplicação deve ser feita da seguinte maneira:

a) em concreto não se deve molhar a superfície que irá receber o chapisco.

b) em superfície de alvenaria de tijolo de barro cozido comum (caipira) deve-se molhar a superfície.

c) lançar com certa violência, de uma distância aproximada de um metro, à superfície que irá receber o chapisco.

d) quando se utiliza somente o chapisco para revestimento decorativo (acabamento), lança-se o mesmo através de uma peneira de malha média (a que se utiliza comumente em obra para peneirar areia grossa), obtendo-se dessa maneira uma uniformidade e homogeneidade de aspereza, dando um aspecto até agradável.

Nesse tipo de revestimento, tem-se uma grande perda de material, pois devido o impacto com a superfície, este devido à própria reação, tende a se destacar; portanto aconselha-se na aplicação limpar o piso para posterior recolhimento da sobra que cai. Para reaproveitá-la, reamassar com adição de mais cal e utilizá-la em outra finalidade menos importante.

Emboço — Técnica de execução — Como dissemos antes, o emboço é uma argamassa de regularização, que deve atuar como uma boa capa que evite a infiltração de águas das chuvas; quando se trata de revestimentos externos, é também um regularizador e uniformizador da superfície, corrigindo as irregularidades, prumos, alinhamentos dos painéis.

Quanto à sua dosagem, depende do que vier a ser feito como acabamento.

Inicialmente devemos molhar o painel que irá receber o emboço, isto se for alvenaria; se for concreto e tiver as demãos correspondentes de chapisco, não haverá necessidade de ser molhada, pois o concreto não irá absorver a água, enquanto a alvenaria irá absorver parte da água; assim molhamos o necessário para que a alvenaria não retire a água da argamassa (emboço) e, ao mesmo tempo, retiramos o pó existente no painel. Em seguida executar placas de argamassa mista de cimento e areia, onde serão fixadas pequenas taliscas de madeira ou azulejos, cerâmica, etc., por onde iremos tirar ou fixar os prumos e alinhamentos ou, melhor dizendo, fixarmos a espessura do emboço de acordo com a Fig. 5.1.

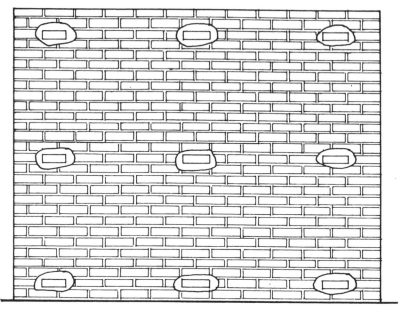

Prumo e alinhamento na parede para receber garras

Figura 5.1

Isto feito, preenchemos no sentido vertical os intervalos das placas de argamassas com taliscas formando uma guia, que tenha o mesmo prumo, ou seja, a mesma espessura determinada pelas mesmas, como mostra a Fig. 5.2.

O espaçamento das guias ou placas de argamassas com taliscas não devem ultrapassar a 2 metros. Após a execução das guias, tendo molhado o painel, lança-se o emboço ou argamassa dita também de grosso de uma distância aproximada de 80 cm com certa violência, da mesma maneira como se procede com o chapiscado, no sentido de baixo para cima. Em seguida a este lançamento, que se chamaria chapar, comprime--se com a colher, com o objetivo de melhor fixar a argamassa no painel devido a própria reação do impacto, assim como retirar as bolhas de ar que foram arrastadas pela argamassa, no espaço da colher à parede. Preenchida uma pequena área, conforme dito acima, com uma régua feita com um sarrafo de 2,5 x 10 cm perfeitamente alinhado, procede-se o que se chama sarrafeamento, que é um movimento de zigue-zague de baixo para cima, com o objetivo de retirar o excesso de argamassa entre as guias. Se houver falta preencher com novas chapadas nessas depressões, e voltar a sarrafear; não há necessidade de desempenar, pois a rusticidade do revestimento ou emboço (grosso) irá proporcionar melhor fixação do revestimento de acabamento.

Revestimento de parede

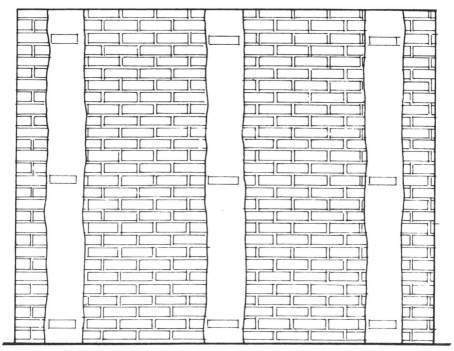

Guias executadas e o painel pronto para receber o emboço grosso

Figura 5.2

Reboco ou fino – Podemos classificar em dois grupos distintos: a) Reboco para acabamento de pintura; b) Reboco sem acabamento para pintura, ou seja, já é o próprio acabamento.

O reboco que é acabamento para receber pintura, poderemos subdividir naquele que necessita aparelhamento de pintura de acabamento fino, e aquele que poderá ser um acabamento normal, sem muitos cuidados técnicos, pois irá receber pintura também dita rústica como "tempera" ou pintura batida a escova.

Primeiramente trataremos de reboco ou fino normal para receber pintura a cal ou pintura batida com escova.

O ritual é o seguinte: inicialmente devemos ter uma areia fina já peneirada em "peneira de fubá" ou ter argamassa já preparada. Se formos preparar a argamassa, duas opções teremos: prepararmos com nata de cal feita na obra a partir da cal virgem ou prepararmos com a cal hidratada. Se utilizamos a cal hidratada, devemos ter cuidado de peneirar a cal para evitar no futuro a existência de grãos minúsculos de cal que, com o tempo, onde o grau hidroscópico do ar for elevado, irá estufar e estourar o revestimento, provocando o vulgarmente chamado de empipocamento do revestimento. Preparamos uma argamassa que seja gorda ou com excesso de cal, que devemos deixar descansar durante pelo menos 3 dias, ou seja, 72 horas, a fim de que a reação química da cal seja perfeita, dando sua aderência aos grãos de areia. Durante esse período, não se deve deixar a argamassa parada mais que meia hora, ou seja 30 minutos, sempre procurando mexê-la, assim como não deixar o amassador em lugar onde existam o impacto direto do sol e ventilação. Geralmente, nessa fase, utilizamos um cômodo da própria obra como amassador, o qual fica abrigado do sol e vento.

Após a cura de 72 horas dessa argamassa, a mesma será aplicada da seguinte maneira: molha-se o emboço ou grosso, coloca-se a massa na desempenadeira e comprime-se de baixo para cima a desempenadeira com a argamassa no emboço ou grosso, de maneira que se obtenha uma espessura mínima de 3 ou 4 mm; em seguida, com movimento circular com a desempenadeira procura-se desbastar a espessura e ao mesmo tempo uniformizar o painel de maneira a se obter uma espessura final de 2 a 3 mm, que garantirá o não fissuramento, fissuramento este provocado pela cura do revestimento onde irá se retrair, dando um aspecto muito desagradável nos dias de chuvas.

Quando a massa estiver puxando, isto é, perdendo água, desempenamos mais uma vez, agora com desempenadeira revestida com espuma de borracha ou feltro, tendo o cuidado, de nesta etapa, esborrifar água para a desempenadeira correr no movimento circular, tirando toda a marca dos grãos maiores de areia que deslizaram riscando o painel no primeiro desempeno.

Este revestimento, após completamente seco, estará apto para receber pintura a cal, têmpera, pintura a base de cimento e pintura batida a escova. Se quisermos um acabamento fino, mais esmerado, economizando parte do aparelhamento de pintura fina, podemos preparar nata de cal e, quando o revestimento estiver puxando (nota-se perfeitamente este estado, pois o revestimento começa a fixar com manchas, características de perda de água), passa-se então a nata do cal com desempenadeira de aço, como se fosse massa corrida.

Falamos em empipocamento do revestimento fino, do reboco, que é a conseqüência de não extinção completa de grãos minúsculos de cal (como se fosse uma cabeça de alfinete) que ficaram no revestimento; com a umidade de ar, estufa e estoura, dando a impressão que foi machucado o revestimento pelo lançamento de uma pequena pedra com muita violência. A correção desse defeito é feita com lançamento de água através de uma mangueira de borracha até a saturação do revestimento; repetir o processo pelo menos dois dias – após deixar enxugar o revestimento, passar massa corrida para tampar os empipocamentos e pintar.

O reboco que já é o próprio acabamento, portanto não recebe o recobrimento de pintura – geralmente a técnica de execução é rígida pelo manual do próprio fabricante e cada qual tem sua série de produtos que são lançados na praça. Entretanto, citamos aqui alguns rebocos ou revestimentos de acabamento que não recebem o cobrimento de pintura, como seja:

Barra lisa de cimento	Massa tr vertina
Estuque lúcido	Massa lavada
Massa raspada	Granilito

Barra lisa de cimento – como vimos insistindo, todo emboço ou revestimento grosso depende do que irá receber. Assim para o tipo de reboco ou acabamento chamado de barra lisa de cimento, devemos utilizar o emboço de argamassa mista de cal e areia na proporção de 1: 4/8, portanto, argamassa de cal e areia 1:4, juntar uma porção de cimento para 8 dessa argamassa. Proceder normalmente como já foi descrito. Para o reboco em questão, utilizaremos argamassa de cimento e areia na proporção de 1:3 ou 1:4, tendo o cuidado de se ter areia fina peneirada com "peneira de fubá". Aplicar, como já foi explicado anteriormente, somente quando já se tiver terminado de desempenar – lançar pó de cimento e em seguida com a broxa esborrifar água e com a colher de pedreiro ou

Revestimento de parede

desempenadeira de aço ir queimando, isto é, alisando o pó de cimento que ficou incrustado no revestimento.

Estuque lúcido – revestimento de acabamento ou reboco especial – é um revestimento contínuo impermeável utilizado antigamente em banheiros e cozinhas, substitui economicamente o azulejo e tem aparência de mármore. Por ser um revestimento contínuo, não é possível fazer reparos ou emendas.

Para esse tipo de revestimento, necessita-se que o painel de alvenaria receba uma demão de chapisco de argamassa de cimento e areia 1:3, em seguida o emboço com argamassa mista de cal e areia 1:4/12, a seguir o reboco com argamassa mista de cal e areia 1:4/8. Após completa secagem, portanto com a sua resistência máxima, melhora-se o painel e aplica-se uma capa de 2mm de pasta constituída de:

3 partes de nata cal peneirada;
3 partes de pó de mármore
2 partes de cimento branco
Corante a gosto para o fundo.

A sua aplicação é como o reboco normal, com a desempenadeira de aço ou de madeira, de maneira a obter a espessura de 2mm e a uniformidade. Esborrifar na parede sabão de coco derretido, alisando ao mesmo tempo com a desempenadeira, dando um melhor aspecto e acabamento. Em seguida, procura-se imitar os veios do mármore, utilizando para tanto uma esponja de borracha ou uma pena da asa ou cauda da galinha molhada no corante. Esborrifa-se novamente o painel com sabão de coco, alisando com desempenadeira. Dá-se o lustro com ferro quente, ferro este igual ao de passar roupas antigo, onde o mesmo é aquecido indiretamente numa chapa de ferro. Em seguida passa-se óleo de linhaça e **encera-se com cera de carnaúba**.

Esse tipo de revestimento, é pouco utilizado atualmente, porém, pode-se observar os executados antigamente em muitas igrejas, e notar a sua durabilidade e o bom e agradável aspecto final. Nos dias de hoje é difícil encontrar artífice que a execute a contento.

Massa raspada – o emboço para receber a massa raspada é uma argamassa mista de cal e areia nas proporções de 1:4/12 aprumada e alinhada, executada de acordo com o já descrito anteriormente. Molha-se o painel, abundantemente até a saturação, em panos inteiros, sem interrupção no sentido horizontal. A espessura do reboco não deve ser inferior a 3mm, nem superior a 5mm.

A sua composição é feita com quartzo, cimento branco e corante, sua proporcionalidade é patente dos fabricantes, poderá nessa massa entrar ou não impermeabilizantes. Aplicada à massa, deve a mesma ser desempenada o mais rápido possível. •

Os painéis devem ser contínuos, sem emendas, nas juntas deve ser feito um vinco com a colher ou lápis. O traço deve ser constante do princípio ao fim quando é preparado na obra, para evitar manchas. Um painel deve ser executado integralmente, não podendo ficar de um dia para outro. O acabamento final é conseguido com a passagem de um pente de aço ou pedaço de lâmina de serra metálica, após 2 horas aproximadamente da sua aplicação, removendo a parte superficial do reboco. Recomenda-se passar o pente de aço em todos os sentidos, mas não insistir num lugar somente, pois debastando mais uma área do que a outra, pode-se provocar manchas no revestimento acabado. Após essa operação deve-se lavar o revestimento com água limpa para a remoção do pó. O rendimento médio é de 8 kg por m^2 de parede. O reboco, quando industrializado, é fornecido em sacos de 35 kg e 50 kg.

Massa tipo travertino – é também um reboco especial, seu acabamento não requer o acabamento de pintura. Geralmente essas massas são industrializadas, portanto patenteada a sua composição. O fundo é preparado da mesma maneira que o anterior, isto é, emboço de argamassa mista de cal e areia 1:4/12 molhado até a saturação. Aplica-se em seguida a massa tipo travertino como se fosse reboco normal.

Para a imitação do mármore travertino, faz-se da seguinte maneira: com o reboco ainda bem molhado, comprime-se com uma "boneca" de estopa limpa ou mesmo de pano seco, de maneira que deixe na superfície pequenos sulcos típicos do mármore, desempena-se com a desempenadeira de aço levemente, de maneira a não desmanchar os sulcos feitos. O filamento para imitação das placas de mármore é feito com um ferro de 3/16" ou 1/4" na forma de semicírculo, passado na superfície ainda úmida. (Fig. 5.3).

O rendimento é de 8 a 10 kg por metro quadrado de parede. É fornecido na embalagem de 50 kg.

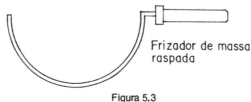

Figura 5.3

Massa lavada – da mesma maneira que a massa tipo travertino, é um reboco de acabamento industrializado e patenteada, onde a predominância são granas de mármore colorido e quartzo. A tecnologia é semelhante a anterior, somente que sua espessura é maior, da ordem de 5mm. O seu acabamento é feito com a lavagem de solução de ácido muriático e água 1:6, em seguida lava-se com água limpa para remoção da solução ácida, repete-se a operação, se for o caso, até aparecerem os grãos e granilhas de mármore limpas e brilhantes. O rendimento é de 15 kg aproximadamente, por metro quadrado de parede.

Granilito – É um revestimento também de acabamento, portanto um reboco que tem aparência de granito. É preparado no canteiro com cimento branco, granas e granilhas de mármore e corante. O emboço para receber esse tipo de acabamento deve ser feito com argamassa mista de cal e areia na proporção de 1:4/8. A parede deverá ser dividida em painéis, com tiras metálicas de latão ou alumínio ou mesmo plástico com saliência de 5mm que formará a espessura do reboco, tiras estas fixadas no emboço servindo como guias. A sua aplicação é para formar painéis independentes, a fim de evitar trincas devido a retração e dilatação do material. A aplicação é feita da mesma maneira que o emboço, por lançamento, batendo com a desempenadeira repetidas vezes para melhor fixação, aí então sarrafeia-se e desempena-se.

Decorrido o prazo de 8 dias, dá-se o polimento com esmeril nº 40 e 120 sucessivamente, sempre esborrifando água no polimento para que o mesmo seja sempre feito em superfície bastante úmida. Após o polimento, lava-se com sal azeda (oxalato de potássio) para, em seguida, após seco, passar uma demão de cera virgem ou de carnaúba e lustrar com flanela limpa.

REVESTIMENTO NÃO ARGAMASSADOS PARA PAREDES

Classificamos revestimentos de parede não argamassados, aqueles constituídos por elementos outros que não seja a própria argamassa, entretanto, aqui são utilizados o

Revestimento de parede

emboço para regularização e a argamassa de junta que fixará o elemento de acabamento com o referido emboço, que em alguns casos será substituída pela "cola" apropriada. Nesse grupo, poderemos citar os seguintes revestimentos comumentes utilizados:

Revestimento de azulejo
Revestimento de pastilhas
Revestimento de pedras naturais
Revestimento de mármore e granito polido
Revestimento de madeira
Revestimento de plástico
Revestimento de papel
Revestimento de cortiça

Revestimento de azulejos – os azulejos apresentam-se no comércio em dois tipos; os azulejos lisos e os bizotados (Figs. 5.4 e 5.5); seu formato é de um quadrado de 15cm x 15cm. Para acabamento e remate de certos ângulos e arestas existem peças especiais

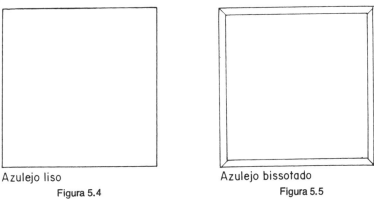

Azulejo liso
Figura 5.4

Azulejo bissotado
Figura 5.5

como: faixa, canto externo, canto interno, castanha externa e castanha interna (Figs. 5.6 até 5.10). Hoje procura-se substituir algumas dessas peças especiais por baguetes de alumínio ou cantoneiras em L, também de alumínio. Para ângulos internos não se utiliza o canto interno nem peças de alumínio, aplica-se somente o azulejo, sendo que um lado fica de topo (perpendicular) ao outro (Fig.5.11).

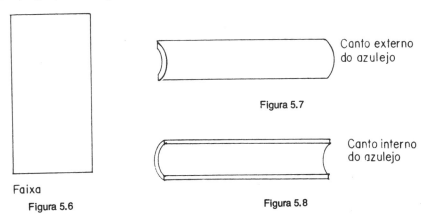

Faixa
Figura 5.6

Figura 5.7
Canto externo do azulejo

Figura 5.8
Canto interno do azulejo

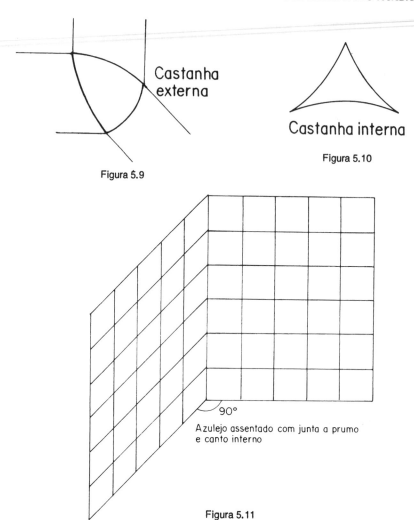

Figura 5.9

Figura 5.10

Azulejo assentado com junta a prumo e canto interno

Figura 5.11

Os azulejos lisos são recomendados para ambientes que necessitam maiores cuidados com a higiene, como hospitais, centros de saúde e laboratórios, enquanto o bizotado, devido a sua junta (Fig. 5.12) apresenta um formato de junta maior, conseqüentemente não necessitaria de uma apurada mão-de-obra. Sua colocação é mais empregada em residências.

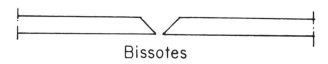

Bissotes

Figura 5.12

Revestimento de parede

Devido terem os azulejos uma de suas faces vitrificadas, necessitam que sejam imerso na água durante 24 horas antes de seu assentamento, sendo retirados d'água 30 minutos antes de serem aplicados. Justifica-se esse procedimento para que os poros da face que não é vitrificada se dilatem para melhor penetração da argamassa de junta que fixará o mesmo no emboço. Também é o motivo de se usar, na argamassa de junta, areia fina peneirada, para que a mesma possa penetrar nos poros dilatados do azulejo.

No aparelhamento do painel, que é a execução do revestimento grosso ou emboço, deve-se ter o cuidado de controlar a espessura do mesmo para evitar que no final, isto é, assentado o azulejo, o mesmo fique muito saliente junto ao batente, criando dificuldades na colocação da moldura (Fig. 5.13), assim como nos pontos de registros, onde poderá o eixo do volante ficar curto e não se ter canopla para o remate; a caixa de luz e as tomadas podem ficar muito profundas, e para fixar interruptor ou tomada necessitaremos adaptar parafusos, a fim de que, na colocação da placa, o parafuso de fixação do mesmo alcance o interruptor (Fig. 5.14 a e b).

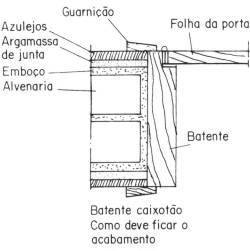

Figura 5.13

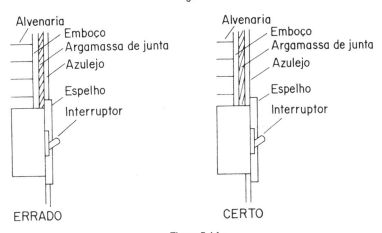

Figura 5.14a

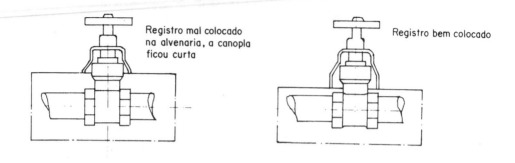

Figura 5.14a

De acordo com as juntas, podemos ter:

a) azulejos com juntas amarradas (Fig. 5.15)
b) azulejos com juntas paralelas ou a prumo (Fig. 5.16)
c) azulejos com juntas em diagonal desencontrada (Fig. 5.17)
d) azulejos com juntas em diagonal paralela (Fig. 5.18).

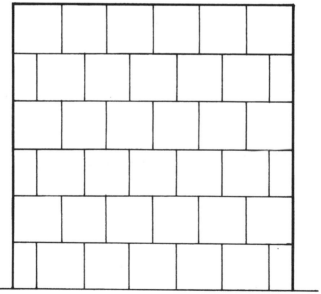

Azulejo assentado com junta amarrada

Figura 5.15

Revestimento de parede

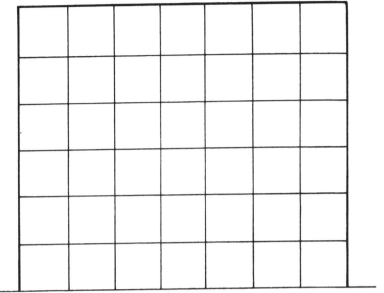

Azulejo assentado com junta a prumo

Figura 5.16

Azulejo assentado em diagonal junta amarrada

Figura 5.17

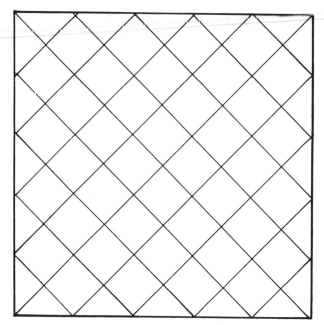

Azulejo assentado junta paralela em diagonal
Figura 5.18

Inicialmente devemos bitolar os azulejos que irão ser assentados; para tanto construiremos um bitolador rudimentar. Com uma pequena tábua de pinho, dessas utilizadas para fôrma, colocamos um azulejo e marcamos a sua dimensão ou seu contorno, em seguida colocamos, ou melhor, o pregamos metade do prego 17 por 24 (prego usado para fôrma), de maneira que o azulejo passe por eles sem folga, justo pelas duas faces, isto é, uma frente (vira-se o azulejo 90°) e outra verso. (Ver. Fig. 5.19). Assim separamos

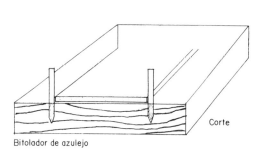

Corte

Bitolador de azulejo

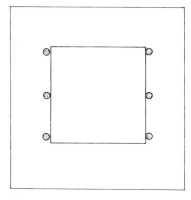

Planta

Figura 5.19

Revestimento de parede

aqueles azulejos que possuam lados iguais. Os outros serão bitolados através de outras medidas fixadas no bitolador. Separados os lotes de azulejos de tamanhos iguais, procura-se colocá-los em painéis em que se utilize partidas de azulejos de uma única bitola.

Para o assentamento utilizaremos argamassa mista de cal e areia 1:4/8, isto é, 8 partes de argamassa de cal e areia 1:4 para uma parte de cimento. A areia utilizada nessa argamassa deverá ser de granulometria fina.

Deveremos, inicialmente, considerar a espessura do piso propriamente dito, mais a altura do rodapé. Aí colocamos uma régua que servirá de apoio à 1.ª fiada de azulejos (Fig. 5.21a). Assentamos o primeiro azulejo, considerando a espessura da argamassa e a espessura do azulejo como espessura acabada para efeito de prumo das fiadas seguintes do acabamento junto ao batente, das tomadas e interruptores, assim como de registros e torneiras de paredes que levarão canoplas. Em seguida, esticamos uma linha para que a fiada seja perfeitamente horizontal (Fig. 5.21b).

No assentamento, como se percebe, é feito de baixo para cima. Nas costas do azulejo é colocada a argamassa, e a quantidade colocada deve ser em excesso, devendo cobrir toda a área do mesmo; em seguida cortamos o excesso da argamassa dos bordos em 45º, assim como fazemos um furo no centro da área argamassada do azulejo. (Fig. 5.20).

Azulejo com massa
para ser assentado
ou colocado

Figura 5.20

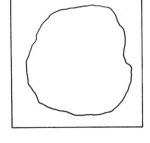

Figura 5.21

Colocamos o azulejo com a sua respectiva argamassa na parede, comprimindo inicialmente as arestas que apoiam nos azulejos anteriores e inferiores e fazemos então a compressão total, de maneira que o excesso de argamassa saia pelas arestas livres. Em seguida batemos levemente com o cabo do martelo ou mesmo da colher, para diminuir a espessura da junta, isto é, o espaço entre o emboço e o azulejo, de maneira que a aresta externa do azulejo faceie a linha esticada e a fiada inferior.

Dessa maneira, procura-se diminuir os vazios dos cantos dos azulejos, quando a argamassa é colocada somente no centro do azulejo, ficando os quatro cantos vazios (Fig. 5.21).

Para cortar os azulejos, utiliza-se o cortador de vidro ou então uma haste de aço com ponta fina para cortar ou riscar a face vidrada. Após o corte do azulejo, deve-se esfregá-lo numa pedra de arenito, rebolo ou esmeril para uniformizar o lado cortado. Hoje já existem aparelhos que cortam o azulejo na maneira que se quer, até um círculo é possível e sem rebarbas de corte.

Num cômodo, onde irá ser assentado piso impermeável e paredes com azulejos, a seqüência de colocação será azulejos, rodapé e piso. Justifica-se essa seqüência, pois no assentamento do piso, que é a última etapa, pode-se diminuir ou acrescentar arga-

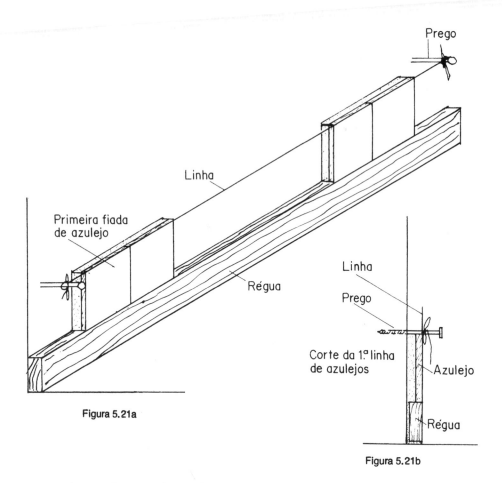

Figura 5.21a

Figura 5.21b

massa de assentamento, de maneira que o acabamento do piso seja por baixo do rodapé (Fig. 5.22). Outra maneira de colocação de azulejos é com cola. Existe no mercado de material de construção colas especiais para assentamento de azulejos, assim como cimento "pan", onde aplica-se cinco pontos de cola na contra-face do azulejo e comprime-se com pequena esfregada no emboço já desempenado, que será o suporte do azulejo. Neste caso, o azulejo não deverá ser molhado, até pelo contrário, deve ser isento de qualquer umidade.

Após o assentamento de todos os azulejos, deve-se limpar e fazer calafetação das juntas com uma argamassa feita com cimento branco, alvaiade e nata de cal, que é espalhada com um pano limpo, que tem a função de ao mesmo tempo calafetar, retirar o excesso e limpar.

É ainda recomendado em azulejos lisos, e obrigatório nos azulejos bisotados, que no bisel seja retirado o excesso, passando um prego ou um palito de fósforo. Por conveniência ou por economia, nos cantos vivos onde não se aplica cantoneiras e nem peças especiais faz-se o canto vivo com o próprio azulejo, tendo o cuidado de desbastar a espessura em esquadria (45°) para que não fique aparecendo a espessura do azulejo num dos lados (Fig. 5.23).

Revestimento de parede

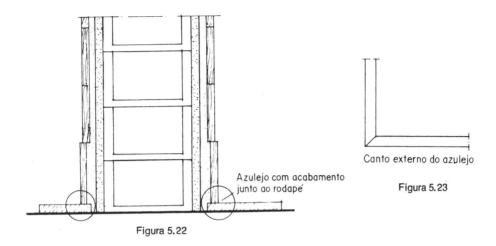

Azulejo com acabamento junto ao rodapé

Figura 5.22

Canto externo do azulejo

Figura 5.23

Revestimento de pastilhas – para o assentamento de pastilhas em parede, devemos inicialmente fazer um emboço (revestimento grosso) comum, com uma dosagem mista de cal e areia, portanto uma argamassa que tem predominância de cal e areia e, após esta mistura, juntar cimento. Assim a dosagem dessa argamassa é uma parte de cal para 4 partes de areia, mais 1 doze avos do volume desta argamassa em cimento; isto na fórmula de traço seria escrito da seguinte maneira: argamassa mista de cal e areia sendo areia média no traço 1:4/12. Em seguida, faz-se o reboco também com argamassa de cal e areia, usando areia fina, no traço de 1:4/8, sendo que o acabamento deve ser bem feito com a desempenadeira de madeira, não necessitando da passagem de desempenadeira com borracha ou feltro.

Após o revestimento ter a resistência necessária, isto é, obtido após algumas horas, prepara-se uma pasta de cimento branco e caulim no traço de 2:1. Também costuma-se fazer pasta de cimento branco sem caulim; julgo que não se deve, por encarecer demasiadamente a pasta de assentamento.

Espalha-se essa pasta na parte posterior dos painéis de pastilhas, assim como na parede, mas tendo o cuidado de antes molhar ou, melhor dizendo, esborrifar água com uma broxa na parede.

Leva-se para a parede segurando o painel pelos cantos superiores, procurando o alinhamento, esquadro e prumo do painel; em seguida bate-se com um pedaço de madeira e martelo, dando fixação. Se, por qualquer motivo, o painel deslocou-se de sua posição, chega-se a ela dando tapas com a mão no sentido em que deve ficar, isto é, na posição correta. Como detalhe, observa-se se o papel ficou totalmente molhado; isto significa que a fixação foi correta. Remove-se o papel após 30 minutos mais ou menos da sua aplicação com água.

A etapa seguinte é o reajustamento, que poderá ser com a própria pasta ou cimento branco. Finalmente, limpa-se o excesso e as manchas da pasta com pano limpo. Não se aconselha lavar com ácido muriático, para que não se corroa o cimento das juntas.

No mercado de materiais de construção, a pastilha pode ser encontrada nas formas sextavadas, retangulares e quadradas e, quanto ao acabamento de sua face, poderá ser: porcelana fosca, porcelana esmaltada e pastilha de vidro.

Revestimento de pedras naturais – os tipos de pedras naturais, comumente empregados em revestimento de paredes, são: a) arenito; b) granito; c) pedra mineira e d) ardósia. De acordo com a dimensão, forma e disposição, podemos classificá-los em:

1) Arenito   a) comum irregular
   argamassado (Fig. 5.24)

   Arenito   b) comum regular
   argamassado (Fig. 5.25)

2) Canjica grande-argamassado, diâmetro correspondente à pedra 3 (Fig. 5.26)

3) Canjica miúda-argamassado, diâmetro correspondendo a diâmetro pedra 2 (Fig. 5.27)

4) Canjica miúda a seca (Fig. 5.28)

5) Tijolinho irregular
   argamassado (Fig. 5.29)

6) Tijolinho irregular a seco (Fig. 5.30)

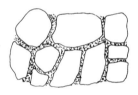

Figura 5.24

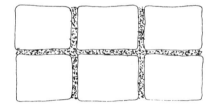

Figura 5.25

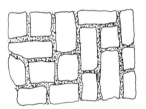

Figura 5.26

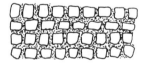

Figura 5.27

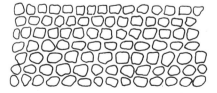

Figura 5.28

Revestimento de parede

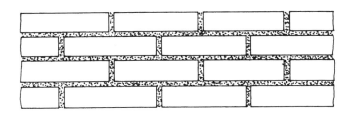

Figura 5.29

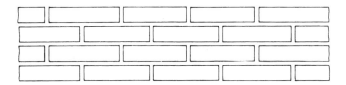

Figura 5.30

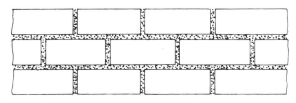

Figura 5.31

a) Granito
    1) esquadrejado argamassado (Fig. 5.31)
    2) comum irregular (Fig. 5.24)
    3) comum regular (Fig. 5.25)
    4) canjica grande (Fig. 5.26)
    5) canjica miúda argamassada (Fig. 5.27)
    6) canjica miúda a seco (Fig. 5.28)
    7) tijolinho irregular argamassado (Fig. 5.29)
    8) tijolinho irregular a seco (Fig. 5.30)

b) Pedra mineira

    1) esquadrejada argamassada

    2) comum irregular (Fig. 5.24)

    3) comum regular (Fig. 5.25)

    4) tijolinho argamassado (Fig. 5.29)

    5) tijolinho a seco (Fig. 5.30)

    6) triângulo argamassado (Fig. 5.32)

c) Ardósia
    1) comum irregular (Fig. 5.24)
    2) tijolinho irregular a seco (Fig. 5.30)

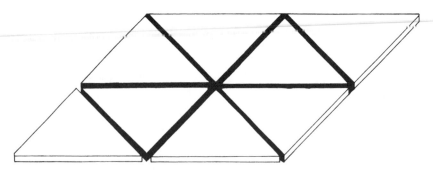

Figura 5.32

Para o assentamento, ou melhor, colocação de pedras naturais na forma de revestimento, temos que inicialmente preparar a superfície que irá receber tal revestimento, assim devemos inicialmente aplicar um chapiscado de argamassa de cimento e areia 1:4, a areia de preferência grossa, sendo que deverá ser introduzido um hidrófugo, isto é, um impermeabilizante comum que seja dissolvido na água que será utilizada para o amassamento da mesma.

A seguir, feito o corte das pedras, chapa-se a superfície da parede já preparada como chapiscado com argamassa mista de cimento e areia 1:4/12, isto é: argamassa de cimento e areia 1:4 com adição de cal na proporção de 1 de cal para 12 de argamassa de cimento e areia 1:4, isto em volume. Após chapada uma pequena área, comprime-se a pedra nesta argamassa; assim, sucessivamente, as juntas serão sempre tomadas com a sobra da compressão das pedras na argamassa chapada e complementada com pequenas lascas da própria pedra e alguma argamassa extra no contorno. É necessário que, após algumas horas da aplicação, lave-se a superfície das pedras para a remoção da argamassa em excesso com uma escovinha de piaçaba, aquela que é utilizada para lavar vasos sanitários; isto se faz necessário para evitar que posteriormente se necessite lavar com ácido muriático, que poderá queimar a superfície da pedra, dando uma coloração amarelada à mesma, quando a solução ácida não for bem dosada. Na aplicação de pedras ditas a seco, as mesmas são de dimensões bem menores; assim na fase de aplicação nós comprimimos as pequenas pedras na chapada como se estivéssemos espetando uma almofada com estilete, de maneira que a fixação se faça unicamente pela face posterior; não se coloca argamassa no contorno (espessura) da pedra (Fig. 5.33).

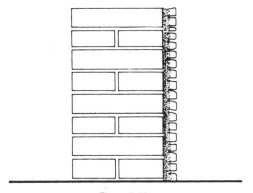

Figura 5.33

Revestimento de parede

Quando se faz esse tipo de revestimento nas partes internas de uma casa, é necessário que se tome cuidado com a espessura final do revestimento em relação às caixas de interruptores, tomadas, pontos de luz, batentes e guarnições, para que não fiquem muito enterradas dentro do referido revestimento, necessitando posteriormente adaptações para colocação da placa, interruptores, tomadas e canoplas.

Revestimento de mármore e granito polido – com relação ao mármore e granito, devemos na escolha verificar a existência e quantidade de incrustações, pois isto desvaloriza em muito uma peça, pois nessas regiões o mármore e o granito perdem sensivelmente sua resistência, sendo um ponto fraco, um ponto onde pode se quebrar no manuseio ou no assentamento.

A espessura das peças para aplicação como revestimento de parede é de 2 cm. Normalmente, executa-se o detalhe dos painéis partindo-se das medidas sobre a alvenaria sem revestimento algum, para termos as divisões das placas mais uniformes possíveis, assim como as disposições das manchas e veios das placas obtidas do desdobramento dos blocos. Sabemos que os blocos trazidos das minas para a marmoraria têm, às vezes, tonalidades diferentes, assim como podemos ter um bloco com incrustações e outro da mesma mina sem incrustação. Portanto, é necessário um dimensionamento e uma numeração seqüencial das placas, para que, do corte do bloco com a respectiva numeração, tenhamos uma razoável harmonia dos veios e desenho do painel.

Para o assentamento das placas, precisamos considerar a superfície de tijolos e a superfície de concreto.

As placas, destinadas a revestir superfície de concreto, deverão ter na contra-face grapas de ferro chumbadas (Fig. 5.34); nas que serão aplicadas sobre os tijojos são dis-

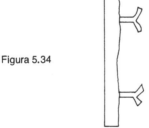

Figura 5.34

pensáveis. Isso justifica-se, por motivo da dilatação das peças de concreto; já na alvenaria isso não aparece, não justificando, portanto, as grapas. Costuma-se, também, para ambos os casos, fazer uma demão de chapiscado na contra-face para melhorar a sua fixação. O preparo da superfície que irá receber o revestimento de mármore ou granito polido: se for de alvenaria, deverá receber 2 (duas) demãos de chapisco, de argamassa de cimento e areia (grossa) na proporção de 1:4, não havendo necessidade de argamassa de regularização (emboço).

Entretanto, necessitamos de cuidados especiais com relação à espessura acabada da parede, tendo em vista os batentes, registros, torneiras, caixas de luz, interruptores e tomadas. Como é dispensável a argamassa de regularização, ou seja, o emboço, ganhamos esta espessura, devendo portanto na colocação da placa ter o prumo bem tirado, assim como o nivelamento, deixando um espaço de 2 cm, aproximadamente, entre a parede e a contra-face da placa. Em seguida, calafetamos as laterais e a base com gesso, para evitar a fuga da nata de cimento fluido que é introduzida neste espaço de 2 cm. A introdução da nata de cimento fluida é feita por partes (camadas de 10 a 15 cm), tendo sempre o cuidado de retirar todo o ar interior do espaço citado, assim como uma boa penetração e contato com a contra-face da placa; para tanto, com um estilete introduzindo no espaço, vai-se adensando ou vibrando a nata de cimento. Após alguns minutos, podemos retirar o gesso da calafetação, que tem também a função de escoramento, fixação e posicionamento da placa.

Como disse inicialmente, devemos na colocação obedecer o relacionamento numérico da placa com o fixado no projeto. Alguma diferença que for preciso corrigir no dimensionamento da placa, far-se-á no próprio canteiro com um esmeril apropriado. Devemos ter cuidados especiais no manuseio destas placas, pois as mesmas já vem da marmoraria serrada, polida e encerada, portanto, devemos evitar que a parte polida venha a ser riscada. Podemos também alternar a seqüência de solução, alternando as placas assim: colocamos a 1ª, pulamos a 2ª e colocamos a 3ª, e assim sucessivamente dentro da mesma fiada, depois voltamos a colocar a 2ª, 4ª, etc.; para tanto devemos marcar corretamente na parede a placa ausente, que, no exemplo citado seriam a 2ª e 4ª, colocadas após o final da fiada, o que daria tempo suficiente para que a nata de cimento se hidratasse totalmente e endurecesse o suficiente para a fixação da placa já assentada.

Esclareço nessa oportunidade porque é aplicada a nata de cimento em vez de uma mistura de cimento e areia, pois a granulometria e porosidade do mármore ou do granito polido requer para sua aderência argamassa que seja de granulometria compatível com a porosidade do material a ser fixado, e que envolva totalmente com um contato direto as saliências e reentrâncias sem contra-vazios e bolhas de ar na contra-face, que é praticamente lisa, pois é serrada. As saliências e reentrâncias citadas só são possíveis ver através de lentes e lupas; se usássemos uma argamassa com areia, mesmo que fosse areia fina, teríamos no contato da contra-face vazios e bolhas de ar onde a argamassa não cobriria totalmente a superfície. Comparando de modo grosseiro, seria o envolvimento dos vazios das pedras britadas pela argamassa para formar o concreto. No assentamento das placas sobre superfícies de concreto, as placas deverão ter na contra-face as grapas, como foi dito anteriormente, necessitando, portanto, que na posição das grapas se fure o concreto para a penetração das mesmas; a seqüência é a mesma descrita anteriormente.

Revestimento de madeira – no revestimento de madeira, que é também chamado de lambri, temos que destacar o revestimento com madeira maciça, placa de compensado e aglomerado ou polpa de madeira prensada, na qual é litografada uma determinada madeira.

Para o assentamento da madeira maciça, devemos inicialmente, através de linha e prumo, fixar caibros trapeizoidais (Fig. 5.35) com um espaçamento de 50 cm entre os caibros, tanto no sentido horizontal como no vertical, formando um reticulado (Fig. 5.36). Em seguida enchemos os painéis entre caibros com o emboço comum, isto é, argamassa de cal e areia 1:4, tendo sempre o cuidado para que não fique muito distanciada da parede; para tanto, às vezes, necessitamos cortar a alvenaria para embutir parte da espessura do caibro (Fig. 5.37) para que não prejudique as caixas de pontos de tomada e interruptor.

O enchimento dos painéis será acabado somente através do sarrafeamento, não necessitando fazer o desempeno. Os caibros, fixos na parede nivelados e aprumados, servem de guias para a fixação e movimentação da regra do sarrafeamento.

Após esse trabalho, na fase de acabamento, iremos fixar tábuas de madeira que virão da carpintaria com os bordos em macho e fêmea, como as tábuas de soalho, (Fig. 5.38) para melhor travamento, que será feito com prego sem cabeça através da

Revestimento de parede

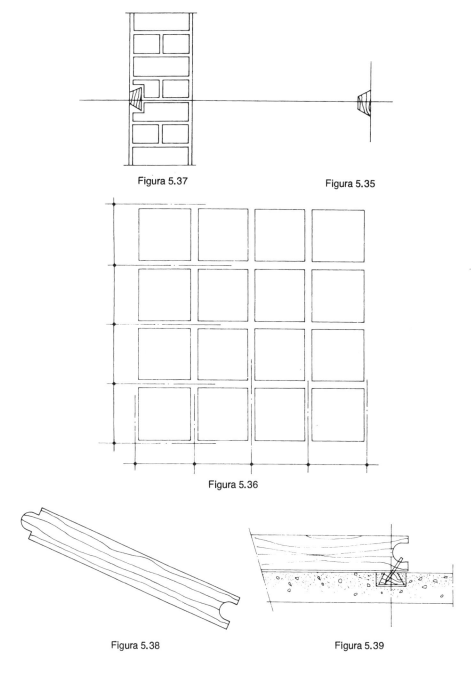

Figura 5.37 Figura 5.35

Figura 5.36

Figura 5.38 Figura 5.39

fêmea, como mostra a (Fig. 5.39), em seguida é parafusada a tábua nos caibros, sendo a abertura do furo que corresponde à cabeça do parafuso escariada, isto é, aberta com um diâmetro maior para colocação posterior da cavilha (Fig. 5.40).

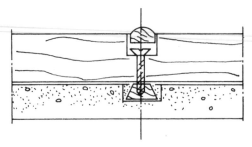

Figura 5.40

Às vezes se opta por encher o furo do parafuso com cera de carnaúba, calafetando assim o furo da passagem do parafuso. O parafuso utilizado é o de cabeça chata. Quando se utilizam chapas de compensado, o aparelhamento é o mesmo, somente que a chapa é de pequena espessura, da ordem de 0,5cm, não possui nos bordos machos e fêmeas e não permite a introdução de parafusos, portanto a fixação das chapas é feita por meio de pregos sem cabeça 1, 2x12 ou 15 x15, repuxados no final, a fim de que o referido prego penetre mais profundamente na chapa para não aparecer na superfície do mesmo o seu brilho. Com isso ficam na superfície pequenos furos, como se fosse a madeira atacada por "cupim", necessitando, portanto, de calafetar esses furinhos com cera de carnaúba. Após a colocação das madeiras, devemos passar uma lixa fina e encerar e lustrar ou em alguns casos, raras exceções, envernizarmos.

As colocações de placas de aglomerados ou polpa de madeira prensada, é diferente das colocações descritas anteriormente: na contra-face das placas são fixadas presilhas de pressão e, no revestimento, pequenos trilhos metálicos; a placa fica presa no trilho, por compressão na face do mesmo feita por martelada de marreta de borracha apropriada, para não machucar a superfície litografada. As indústrias fabricantes desses materiais possuem e adestram pessoas para esse fim.

O remate da junta vertical de duas placas, será em risco preto ou é tomado com um friso de alumínio, que é o mais recomendado para evitar que nas bordas surjam ondulações de empeno ou movimentação das placas, pois a mesma não possui presilhas contínuas nos bordos, para que a mesma seja travada. O acabamento final – também é com uma demão de cera de carnaúba e lustrado com flanela limpa.

Revestimento de plásticos ou vinílicos – esse revestimento praticamente é novo, pouco usado em paredes e muito aplicado em revestimento de peças de madeira, entretanto, apresenta grandes vantagens sobre outros tipos de revestimento impermeáveis. Lógico que tem também desvantagens; para cada caso é necessário examinar detalhadamente os prós e contras.

Como vantagens podemos citar:

a) bom grau de dureza;

b) grande resistência às ações dos agentes atmosféricos;

c) superfície perfeitamente lisa e impermeável;

d) não risca e não mancha;

e) adaptam-se a qualquer superfície com cola de caseína;

f) grande variedade de textura e cores.

Revestimento de parede

São apresentadas em placas de 3,08m x 25m x 0,0008 ou 0,001m, fixadas com cola especial de caseína, necessitando de mão-de-obra especial, conseqüência talvez da pouca divulgação.

Para o seu assentamento, necessitamos fazer o emboço com argamassa mista de cimento e areia 1:4/8, isto é, fazemos argamassa de cimento e areia na proporção de 1 parte de cimento para 4 de areia média, portanto, 1:4, e utilizando esta argamassa na quantidade de 8 partes para 1 parte de cal. A técnica é a mesma já citada na convenção do emboço normal. Após execução do emboço, executamos o reboco com argamassa de cimento para 4 de areia, 1:4, usando a mesma tecnologia da aplicação do reboco, isto é, desempenado, não necessitando aqui fazer o desempeno com o feltro ou borracha.

Após perfeitamente seco o reboco, isto é importante, não pode haver nenhum resquício de umidade, lixamos a parede para retirar os minúsculos grãos de areia que foram agregados pelo desempeno; a seguir retiramos o pó. Passamos cola tanto na parede como na contra-face da placa de plástico, aplicamos na parede e batemos com martelo de borracha para garantir boa fixação, assim como retirar toda possibilidade de aprisionamento de bolhas de ar. Inicialmente aparece um friso preto bem aparente, que é a junta das placas; este friso, com a secagem da cola, assim como com o correr dos primeiros dias, vai diminuindo sensivelmente. Existem vários tipos ou fabricantes desse material, poderia citar de modo geral que são laminados melamínicos. Uma desvantagem desse tipo de revestimento é a continuidade, pois quando se deseja ou se necessita fazer um reparo, seja hidráulico ou elétrico, necessitamos remover toda a placa ou placas. Nesse caso específico, utiliza-se um líquido dissolvente que o próprio fabricante fornece, que, passando na junta, vai deslocando a placa, podendo posteriormente, após a limpeza da mesma, ser reaplicada. Para corte e furos nas placas, precisa-se ferramentas especiais.

Revestimento de papel – esse revestimento era aplicado comumente no princípio deste século; agora retorna como revestimento nobre. Os papéis são fornecidos em bobina (rolo) com 50 cm de largura x 20,0 m de comprimento.

Na verdade, o papel não é um revestimento propriamente dito, é mais um substituto de pintura. A sua aplicação não exige nada especial, qualquer pessoa habilitada pode aplicá-lo. Devemos ter o emboço e reboco normal de argamassa de cal e areia como foi descrito anteriormente, em seguida devemos lixar bem a parede para remoção dos grãos de areia deixados no ato de desempenar e limpar retirando o pó. Isso é o suficiente para a aplicação do papel, entretanto alguns fornecedores de papel, para se obter um serviço mais esmerado, fino, solicitam que seja aplicado uma mão de massa corrida e lixada. A cola utilizada para sua aplicação poderá ser a mais comum, esta que as crianças usam para a feitura de pipas, balões, etc., de farinha de trigo; entretanto os fabricantes fornecem uma cola especial que é mais prática na sua feitura, um pó, que é introduzida na água e que se transforma rapidamente numa cola com grande rendimento, considerado o pó o produto final (cola). Após a limpeza da parede, passa-se a cola com uma broxa de pintor na parede e na faixa já cortada no comprimento do pé direito.

Aplica-se a faixa na parede junto ao forro, estendendo-a até o rodapé, tendo o cuidado de não aprisionar bolhas de ar. Batendo e alisando com um chumaço de pano limpo, procurando sempre manter a vertical das bordas laterais; para isto, com o chumaço de pano, corrige-se batendo e comprimindo no sentido da correção. As juntas de duas faixas não é de topo, mas sim de superposição, como mostra a Fig. 5.41.

Para que as figuras e desenhos do papel não sofram desencontro, a seguir passa-se um rolo de borracha dura para tirar a espessura da superposição das duas faixas.

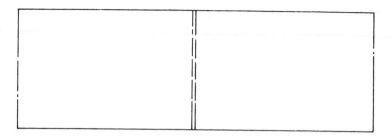

Figura 5.41

Revestimento de placas de cortiça – o aparelhamento é o normal: emboço e reboco, como se procede para a colocação de papel e com os mesmos cuidados. No caso de cortiça já existem colas especiais. O processo é passar cola na parede e na placa de cortiça, aplicá-la batendo com martelo de borracha. É fornecida em placas de 14 x 20 cm ou 30 x 30 cm nas espessuras de 2mm até 10mm.

Capítulo 6
PAVIMENTAÇÃO

CONCEITO

Ao revestimento de piso passaremos a designar como pavimentação.

Assim sendo, definimos como pavimentação uma superfície qualquer, contínua ou descontínua, construída com finalidade de permitir o trânsito pesado ou leve. Na fase do projeto, deve o arquiteto levar em consideração diversos fatores para a escolha do pavimento de um ambiente.

Deve-se levar em consideração:

COMPATIBILIDADE

O pavimento de um compartimento deve ser compatível com seu acabamento; nunca piso pobre com ambiente fino e rico, exemplo: caco cerâmico em hall de um palácio.

ADEQUAÇÃO

O pavimento de um ambiente deve estar apropriado com o ambiente; nunca taco de madeira num banheiro.

ASPECTOS PSICOLÓGICOS

O pavimento deve ser explorado dentro do aspecto psicológico, pois a impressão muitas vezes comanda o sentido. Assim podemos explorar a sensação de frio usando cores claras, assim como para a sensação de dimensões, utilizar desenhos apropriados. Quando se quer dar impressão de um corredor largo quando na verdade ele é estreito, quando se tem um pé direito elevado e quer se dar a impressão de baixo ou normal, utilizamos desenhos apropriados.

ECONOMIA

Aqui levamos em consideração o desgaste, manutenção e conservação do pavimento; escadarias de granito em lugares de grande movimentação de público.

QUALIDADES GERAIS DA PAVIMENTAÇÃO

As qualidades que se deve exigir de uma pavimentação são:

a) Resistente ao desgaste ao trânsito.
b) Apresentar atrito necessário ao trânsito.
c) Higiênica.
d) Econômica.
e) Fácil conservação.
f) Inalterabilidade (cor, dimensões, etc.)
g) Decorativa.

Resistente ao desgaste ao trânsito – Em pavimentos de áreas de grande circulação ou movimentação de pedestres, o desgaste é muito grande, como é fácil observar em entradas com escadaria de templos religiosos, repartições públicas, etc., onde se nota visivelmente o desgaste dos pisos das escadas quando o material é de mármore ou granilito. Pavimentos de granilitos, devido a sua manutenção, como seja, lavagem diária com abrasivos (sapólio) ou detergentes corrói rapidamente o cimento que compõe basicamente o pavimento, deixando soltas as peças de mármore.

Apresentar atrito necessário ao trânsito – Um dos maiores problemas da Municipalidade é impor um código de qualificação dos materiais que devem ser empregados na pavimentação de calçadas, pois as mesmas devem possuir um atrito necessário e compatível com a sua utilização, e evitar acidentes aos pedestres. Devido a esse fato é que a Prefeitura de São Paulo está proibindo a pavimentação de calçadas com cerâmicas, pois elas quando enceradas ou lavadas ficam com pouco atrito, ocasionando sérios acidentes. Também podemos estender esse predicado para os pavimentos que devem ser utilizados exclusivamente para automóveis, pois se não houver o atrito necessário o carro derrapa ou desliza.

Higiênico – Um pavimento deve ter propriedade higiênica dentro da própria adequação. Observa-se aqui pisos de laboratórios, de salas de operações, que têm certas condições próprias de higiene para evitar contaminações. Podemos também considerar um pavimento de banheiro coletivo, de cozinhas, etc., que devem ter um pavimento também higiênico no sentido de evitar grandes manutenções e conservações, devido ao seu intenso uso.

Econômico – É evidente que um pavimento deve, entre todas as qualidades exigidas, possuir a de custo, pois essa é a função primordial do Engenheiro – construir bem e barato, lógico, dentro de certos parâmetros.

Fácil conservação – Aqui podemos sentir mais de perto essa qualidade, pois é o que a indústria de materiais de construção tem lançado no mercado da construção com esse objetivo, isto é, diminuir a mão-de-obra relativa à conservação dos pavimentos. Exemplo é o lançamento de resinas como Sinteko, Cascolac, vernizes, epóxi, para cobrir pavimentos de madeira, com o fim de evitar o constante enceramento.

Inalterabilidade – Outra qualidade importante é a seleção e escolha de um material para pavimento que não sofra alterações no seu tamanho sob a ação direta do calor, isto é dilatações, assim como a sua cor, sob a influência da luz solar, não desbotar.

Decorativo – Finalmente, que o material empregado na pavimentação seja também decorativo; exemplo claro dessa qualidade são os arranjos que se faz com os cacos de cerâmica colorida.

CLASSIFICAÇÃO

Podemos classificar a pavimentação de diversas maneiras, de acordo com suas propriedades físicas, em relação ao seus aspectos, em relação às juntas, à permeabi-

Pavimentação

lidade, etc. Por questão simples de ordenação, adotaremos o critério de material; assim sendo, temos:

Pavimentos:
- Madeira
  - Soalho
  - Tacos
  - Parquete
- Cerâmicos
  - Quadrado
  - Retangular
  - Sextavado
  - Cacos
- Ladrilhos hidráulicos
- Pedras
  - Naturais
    - Granitos
    - Arenitos
    - Mármore
  - Artificiais
    - Granilito
    - Concreto polido
    - Beton
- Resinas
- Vidro
- Fibra

EXECUÇÃO

Na execução de uma pavimentação, devemos considerar dois casos:

1.) como base o solo,
2) como base lajes de concreto armado.

Na pavimentação em que a base é o solo, devemos ter o cuidado com a impermeabilização da elevação, a compactação do aterro interno, e a construção do contra-piso ou lastro de regularização.

Em toda escavação de fundações, principalmente as de sapatas corridas, próprias de residências, o material escavado é jogado para o interior da casa para elevar a cota do piso interno.

Assim, antes de fazer a alvenaria de elevação, devemos ter executado toda a rede de esgoto do piso térreo, assim como impermeabilizado o respaldo da fundação internamente, pelo menos uns 20 cm. Após essas providências, procuramos regularizar o aterro interno com um bom apiloamento, quando então faremos o contra-piso ou lastro de regularização em concreto simples, na espessura de 6 cm mais ou menos, devendo este contra-piso ser apoiado no respaldo da fundação, como esclarece a Fig. 6.1a. Na Fig. 6.1b está o processo mais comum e normalmente utilizado.

Entretanto, é aconselhado o 1º processo, isto é, o da Fig. 6.1a, por que, mesmo que haja um recalque diferencial ou uma retração do contra-piso, não haverá fissuramento na junção da fundação com o contra-piso, ensejando a subida de umidade à parede.

A pavimentação, quando feita em base de concreto armado, não há a necessidade de execução do contra-piso, mas sim somente a argamassa de assentamento

O EDIFÍCIO E SEU ACABAMENTO

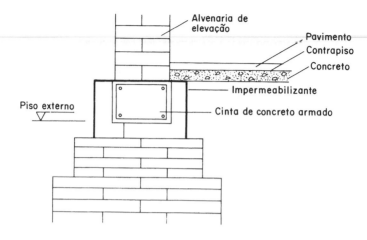

Figura 6.1a

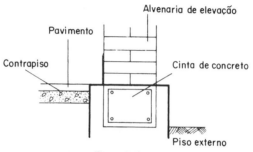

Figura 6.1b

que fará a função de unir o material do pavimento com a laje, regularização e nivelamento da mesma, atingindo a espessura de até 3 cm.

SOALHO DE TÁBUA CORRIDA

São aqueles pisos executados com tábua de peroba de 1,5 cm a 2 cm de espessura, 7 ou 9 cm de largura com 4,27 m de comprimento, em macho e fêmea, Fig. 6.2.

Antigamente esse pavimento era assente sobre um vigamento, apoiado sobre pilares de alvenaria formando um porão. Hoje em dia, voltou-se a aplicar esse tipo de pavimento com tábuas de maiores larguras, chegando a mais de 20 cm, necessitando fazer na contra-face da tábua dois bissotes, para evitar que a mesma empene, Fig. 6.2.

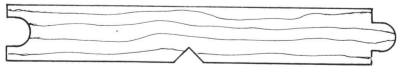

Figura 6.2

Pavimentação

Atualmente, com a volta da aplicação dos soalhos de tábuas corridas, utilizamos um tarugamento de caibros trapezoidais formando quadrados com dimensões de 50 cm x 50 cm, apoiados na laje ou no contra-piso, fixados e nivelados com argamassa de cimento e areia na proporção 1:4 não muito plástica, tendo o cuidado de dar um abaulamento em sua superfície para evitar o contato direto dessa argamassa com a outra face da tábua de soalho (ver Fig. 6.3), evitando assim o apodrecimento da tábua, devido a penetração de água ou mesmo condensação de ar retido.

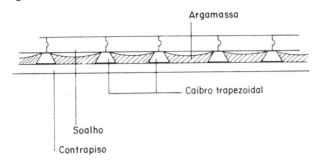

Figura 6.3

A fixação das tábuas se faz em um único lado, e sempre na fêmea ou rebaixo (Fig. 6.4) com prego sem cabeça e rebaixado para que possa encaixar a tábua seguinte. As tábuas são sempre pregadas em tarugos trapezoidais pintados com tinta a base de asfalto (Neutrol); para melhor fixação desses tarugos passamos ferro 3/16"

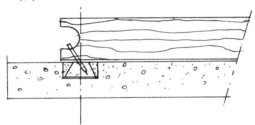

Figura 6.4

ou 1/4" de 50 em 50 cm, na parte superior, que é cortada para que o ferro não fique saliente, e mergulhamos as extremidades na referida argamassa de cimento e areia (Fig. 6.5a, b). A colocação dos tarugos deve ser tal que os desenhos ou disposições das tábuas não venham a ter espaço entre tarugos maiores que 50 cm.

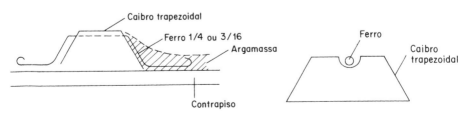

Figura 6.5a   Figura 6.5b

Quanto aos desenhos que se pode fazer, os mais comuns são: tábuas paralelas, tábuas em diagonal sem tabeira, tábuas em diagonal com tabeira, e diagonal em quatro painéis com tabeiras – tábuas em espinha de peixe. Ver Fig. 6.6.

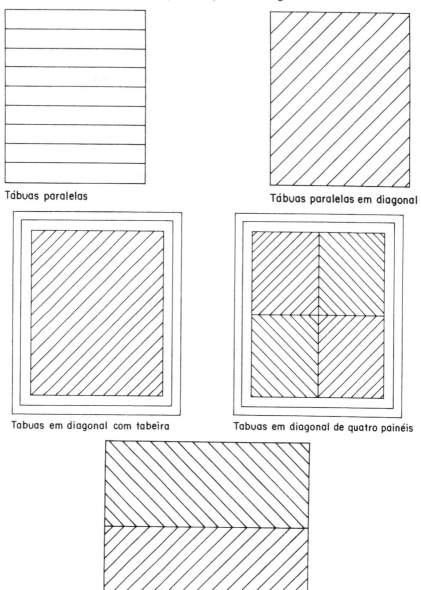

Figura 6.6.

Pavimentação

O acabamento do pavimento junto à parede deve ser feito com rodapé do mesmo material do pavimento, e para tirar ou esconder a fresta entre o pavimento e o rodapé utiliza-se colocar um cordão 1/4 de círculo de madeira (Fig. 6.7).

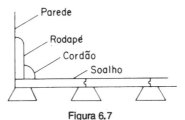

Figura 6.7

O rodapé é fixado na parede por meio de prego sem cabeça repuxado ou parafusado no taco de madeira que foi deixado no assentamento da alvenaria, distanciado de 50 em 50 cm. Para se saber onde fica o centro do taco embutido na alvenaria após o revestimento, é deixar um pequeno prego semi-enterrado, que na ocasião da fixação do rodapé é removido, ficando o orifício demarcatório do centro do taco coberto pela argamassa (Fig. 6.8).

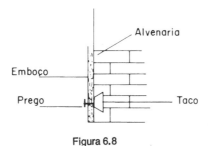

Figura 6.8

TABEIRA

Tabeira são as tábuas paralelas junto às paredes. Após colocação das tábuas, devemos calafetar as juntas entre as tábuas com cera de carnaúba; atualmente calafeta-se com o pó de raspagem misturado com cola e cera de soalho.

Tacos são peças de madeira de 7 x 15 cm utilizados para execução de pavimentos. Temos dois tipos de tacos:

a) tacos assentes com argamassa
b) tacos assentes com cola.

TACOS

Tacos assentes com argamassa – os tacos para serem fixados com argamassas têm que ser preparados antecipadamente, pois a madeira em si não se fixa em argamassas; para tanto, molhamos a costa do taco em asfalto derretido e em seguida, com asfalto ainda em líquido, batemos em uma superfície que contenha pedrisco, formando assim uma superfície áspera como se fosse um chapisco de asfalto e pedrisco; por fim, pregamos dois pregos tipo "asa de mosca", Fig. 6.10 (ver Fig. 6.9).

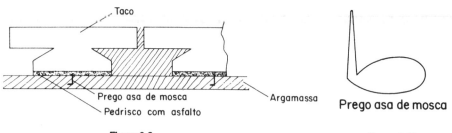

Figura 6.9   Figura 6.10

Assim criamos condições para que o taco se fixe na argamassa, colaborando com o seu próprio formato para dar maior fixação. A técnica de colocação é a seguinte: primeiramente preparamos as guias de nivelamento, distanciando 1,5 m a 2 m uma da outra, enchendo os painéis com argamassa de cimento e areia na proporção de 1 volume de cimento para 4 volumes de areia somente umedecida, não chegando a ser uma argamassa plástica. Sarrafeamos com uma régua apoiada nas duas guias; após essa regularização em pequenos painéis, borrifamos a superfície com pó de cimento e em seguida com água. Assentamos os tacos obedecendo um desenho preestabelecido. Após a colocação dos tacos em suas posições, batemos os mesmos com um soquete leve de área grande, para que o taco penetre na argamassa e esta preencha todo o vazio do contorno dos tacos (Fig. 6.11). Somente paramos de bater quando surgir nata de cimento nas juntas dos tacos. Há quem costume, após a colocação dos tacos em suas posições, jogar água em cima dos mesmos e bater até aparecer a nata de cimento nas juntas; esse processo suprime o esborrifamento de água após o lançamento do pó de cimento, que é o processo mais correto. E um processo que não é aconselhável, pois a madeira ao perder a água absorvida do lançamento superficial pode vir a empenar e mesmo abalar sua fixação.

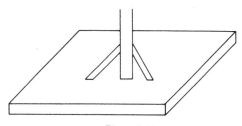

Figura 6.11

O acabamento do pavimento junto às paredes, geralmente é feito com taco cortado, não dando um acabamento bom, necessitando colocar o rodapé e cordão de remate. A calafetação das juntas deverá ser com cera de carnaúba, entretanto devido às juntas dos tacos estarem dispostas assimetricamente, necessitando de uma mão-de-obra dispendiosa, os raspadores de pavimentos de madeira se encarregam de calafetar, utilizando a própria serragem da primeira passagem da máquina, a qual é misturada com cera de soalho. Essa pasta é passada no soalho com rodo de borracha, procurando dessa maneira calafetar as frestas ou juntas dos tacos. Com isso consegue-se que o taco não fique muito duro, ou melhor seco, evitando que lasque na passagem da máquina.

Pavimentação

A disposição ou desenho dos tacos no pavimento depende muito do gosto artístico do taqueiro ou do projetista. Os desenhos mais comuns são os do tabuleiro de xadrez ou espinha de peixe (Fig. 6.12).

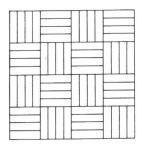
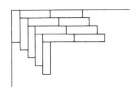

Figura 6.12

Tacos assentes com cola – para os tacos assentes com cola, devemos preparar o lastro da mesma maneira que o taco assente com argamassa, com a diferença que o acabamento deverá ser desempenado sem borrifamento do pó de cimento. Deixamos esse piso secar durante 3 dias, no mínimo, para termos a certeza que não fique resquício de umidade; após esse período varremos, tirando toda a sujeira e pó existente. Lançamos a cola apropriada em pequenas áreas, que são esfregadas com o rodo de borracha para melhor aderência ao piso, deixando uma pequena poça de cola, para que, no momento de assentar o taco, esfregarmos o mesmo em movimento circular sem levantar,, chegando o mesmo à sua posição. Esse cuidado é importante, para que a face do taco que for em contato com a cola fique isenta de bolhas de ar, assim como o pó de serragem seja removido, dando uma aderência e distribuição uniforme na área da face a ser colocada. Fecha-se o cômodo durante três dias no mínimo, evitando assim circulação sobre o mesmo, prejudicando a sua fixação. Após esse período, pode-se fazer a raspagem normal, como foi indicado no taco assente com argamassa.

Parquete – são placas ou taliscas de madeira de lei, já com desenhos formados, que são fixados em peças de 50 x 50 cm ou 25 x 25 cm. Essas peças são assentes da mesma maneira que os tacos comuns, com cola, tendo a sua superfície já acabada, não necessitando de uma raspagem grossa como as dos tacos; usa-se somente uma raspagem com máquina de eixo vertical como uma grande enceradeira, utilizando uma lixa fina; o objetivo dessa raspagem é somente para regularização das juntas e remoção da cola que surge nas juntas das plaquetas ou taliscas, assim como remoção do papel que fixa e dimensiona a placa, como é o caso das pastilhas. Nesse tipo de pavimento não se aconselha utilizar cascolac ou sinteko, que poderá provocar o deslocamento das plaquetas ou taliscas, pois o solvente da resina dissolve a cola, assim como provoca a tração da mesma quando o solvente evapora. Aconselha-se utilizar verniz próprio ou somente cera comum. Seu acabamento junto à parede é cordão e rodapé de madeira.

CERÂMICAS

Todos os pavimentos cerâmicos, por serem impermeáveis, são geralmente laváveis, portanto devem possuir um captador de águas ou seja, um ralo coletor das águas de lavagem. Tendo o ralo, é necessário que exista caimento ou melhor inclinação no sentido do mesmo. Como o ralo não fica no centro do cômodo, mas sim localizado em lugar pouco visível, para não tirar a harmonia do pavimento, isto conseqüentemente provoca caimentos diferentes no pavimento, considerando as diferentes distâncias das paredes ao ralo. Assim, para que não tenhamos desníveis desagradáveis, fixamos o respaldo do ralo, assim como o nível do rodapé com uma linha, como traçando uma circunferência, utilizando-se o ralo como centro, procuramos percorrer toda a base do rodapé determinando as alturas que deve ter o pavimento acabado nos diversos pontos da extensão da linha entre o ralo e a base do rodapé. Dessa maneira existirá uma perfeita concordância de desníveis das paredes ao ralo. Isso feito, construímos as guias, distanciando no máximo 2 metros uma da outra.

Preparamos uma argamassa mista de cimento e areia 1:4/12, isto é, argamassa de cimento e areia 1:4 e adicionamos uma parte cal para 12 desta argamassa de cimentto e areia. A adição de cal é para dar mais trabalhabilidade, assim como retardar a pega do cimento, proporcionando um tempo maior na feitura do lastro, onde será aplicada a cerâmica. Os painéis deverão ser executados em partes, de maneira que proporcione uns 30 minutos de assentamento, evitando que o cimento se hidrate completamente, perdendo seu poder de aglomerante. Antes de sarrafear o lastro, devemos fazer uma distribuição da argamassa em forma de colchão e bater com a desempenadeira ou um soquete leve. Sarrafear, desempenar, pulverizar com pó de cimento em abundância, somente nas áreas em que será aplicada a cerâmica; antes da colocação da mesma, molhar o pó de cimento, aspergindo água com uma broxa. Colocar em seguida a cerâmica; se esta for retangular, colocar obedecendo os desenhos predeterminados, se for sextavada não há possibilidade de se fazer desenhos ou arranjos. Não procurar unir uma peça com a outra, mas sim deixar uma junta de no máximo 1 mm, que auxiliará o deslocamento das peças assim como a dilatação, amenizando a provável soltura da mesma.

Colocadas as peças, bater levemente com a desempenadeira para melhor fixação da peça à argamassa. A argamassa mista de cimento e areia 1:4/12 não deve ser muito plástica, isto é, não pode ter muita água, para que ela possa ter resistência suficiente para suportar as batidas da desempenadeira sem deformar o caimento, assim como suportar o peso de um homem de peso normal andando sobre uma tábua em cima da parte da cerâmica já assentada, quando se procede à limpeza das juntas e resíduos de argamassa com vassoura de piaçaba.

Após 2 ou 3 dias da cerâmica aplicada, lavar o pavimento com nata de cimento, calafetando as juntas; isto se faz com rodo de borracha. Após a retirada do excesso de nata de cimento, para que não fique a marca da passagem do rodo, jogamos serragem fina de madeira umedecida e varremos toda área do pavimento com esta serragem. O objetivo desse procedimento é evitar, no final da obra, na etapa da limpeza, a necessidade de lavar com soda ou ácido muriático em solução, a fim de retirar o excesso da nata de cimento que ficou após a calafetagem. Como sabemos, o piso define o rodapé; portanto o rodapé num pavimento de cerâmica será também de cerâmica. Existem três tipos de rodapés cerâmicos: rodapés de 7 cm de altura, que poderá ser comum ou hospitalar (Fig. 6.13a, b) e o de 15 cm que não tem o bordo superior abaulado mas sim tem duas espessuras como mostra a Fig. 6.14.

Figura 6.13a   Figura 6.13b   Figura 6.14

Pavimentação

Com os rodapés comum e chanfrado, o pavimento termina penetrando na base do mesmo, deixando uma folga que irá trabalhar como junta de dilatação (ver Fig. 6.15).

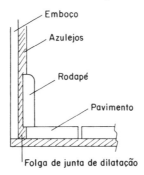

Figura 6.15

Já no rodapé hospitalar, esse acabamento não é possível, devido à sua forma. Assim o pavimento termina sempre de topo ao mesmo (Fig. 6.16). Para que o arremate junto ao rodapé seja perfeito, isto é, não necessitar peças cortadas, precisamos mudar a seqüência, isto é, colocarmos os azulejos, pisos e por último rodapé; assim também devemos começar do centro do pavimento para as laterais, isto é, para as paredes, tendo o cuidado de fazer um gabarito a seco do assentamento, para dimensionar as juntas assim como no final, junto ao rodapé, saber se devemos encher, dar maior espessura de argamassa do assentamento do rodapé ou descascar o emboço existente para que o rodapé penetre mais.

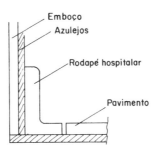

Figura 6.16

Cacos cerâmicos – é o pavimento de mais baixo custo e bom aspecto, desde que seja bem assentado. Geralmente os assentadores colocam peças grandes, o que dá má impressão. O caco deve ser bem pequeno, formando desenhos como um tabuleiro de xadrez ou estrelas, enfim, um desenho qualquer utilizando cacos vermelhos com preto ou vermelho com cor de areia ou os três combinados, para que seja perfeito construiremos com cantoneiras de ferro chato de 3/4" ou 7/8" os desenhos (gabaritos). Esses serão colocados sobre a massa estendida e nos vazios do gabarito os cacos de cerâmicas, sendo estes pequenos, da ordem de 2 a 3cm na maior dimensão. As peças são colocadas após a pulverização do cimento e espargida água, em seguida é batido com a desempenadeira para a perfeita fixação. Após essa operação, é retirado o gabarito de ferro chato e reajuntadas as juntas com nata de cimento, retirado o excesso com o rodo de borracha e em seguida limpa a superfície com pano ou estopa.

O rodapé continua com o de cerâmica, eventualmente poderá ser também de caco, somente que nesse caso a aplicação é diferente: chapa-se a argamassa de assentamento como se fosse fazer o emboço, tendo uma régua de madeira na superfície superior que limita a altura do rodapé; após comprimir com a colher a argamassa, colocam-se os cacos e bate-se com a desempenadeira até a penetração dos cacos na argamassa; isto feito, veda-se as juntas usando-se uma pasta de cimento (cimento e água), uma nata mais consistente, utilizando-se uma boneca de pano ou estopa para remoção do excesso. Como se procede com a calafetação das juntas dos azulejos, não se deve lavar um piso com ácido muriático, pois o mesmo dissolve o cimento das juntas.

Ladrilhos hidráulicos – ladrilhos hidráulicos, muito usados antigamente nas residências modestas, quase desapareceu do mercado; está voltando com a utilização de pavimento de calçadas. O ladrilho tem a dimensão de 20cm x 20cm e 2cm de espessura. Sua aplicação é feita fazendo a base com argamassa de cimento e areia 1:4 umedecida (pouco plástica), que é distendida, batida e sarrafeada. Em seguida borrifa-se com pó de cimento e colocam-se as peças nos seus lugares; isto feito, joga-se água em abundância sobre o mesmo, e com a desempenadeira ou um soquete de madeira bate-se até aflorar a nata nas juntas, deixando o pavimento interditado pelo menos 2 dias sem trânsito, a fim de obter melhor fixação. Quando se executar um cômodo com essa material, o rodapé também será de ladrilho hidráulico, isto é, rodapé hidráulico de 15cm de altura. Como não se fabricam peças intermediárias, o seu corte é feito através de torquês, procedimento idêntico ao corte de telhas de barro.

PEDRAS NATURAIS

Mármore – os pavimentos de mármore são feitos com placas de dimensões diversas, sendo a mais comum as de 50 x 50cm, tendo como espessura recomendável 4cm, sendo entretanto muitas vezes utilizada espessura de 3cm, mas nunca abaixo dessa dimensão. Nos pavimentos com mármore, procura-se fazer-se um projeto das disposições das placas e numerá-las, para que na marmoraria no corte de um bloco seja aproveitado a seqüência dos veios e desenhos do bloco, principalmente quando o mármore não é o branco mas sim colorido, com veios e desenhos diversos.

Os mármores com incrustações não devem ser utilizados em piso, pois as incrustações são pontos frágeis, onde pode haver futuramente uma trinca ou quebra da peça. As placas já vem da marmoraria serradas nas dimensões do projeto, polidas e enceradas, portanto o seu manuseio requer muito cuidado para não riscar, lascar ou quebrar as arestas; isto é mais acentuado em mármores pretos. Sua colocação se faz estendendo uma camada de argamassa de cimento e areia 1:4, utilizando areia média para fina, sendo a argamassa bem plástica, plasticidade igual a do assentamento de azulejo ou do tijolo. Coloca-se massa na base, esparrama-se regularmente com a colher; coloca-se a placa em seguida, procurando corrigir o nivelamento da mesma, utilizando o nível de pedreiro e o cabo do martelo para bater. Tomar cuidado com as juntas, que não devem ser maiores que 0,5cm, pois as peças são cortadas (serradas) em medidas exatas, dando portanto um perfeito ajuste. Quando isso não acontece, utiliza-se um esmeril elétrico para desbastar ou mesmo serrar se houver necessidade. Isso às vezes é devido aos esquadros das paredes, que não são perfeitos, ensejando pequenas diferenças nas peças junto às paredes.

Após a colocação das peças no pavimento devemos protegê-las dos movimentos dos operários, assim como do impacto da queda de objetos, ferramentas; para tanto revestimos todo o pavimento com sacos de linhagem ou estopa embebidos em nata de

Pavimentação

gesso com uma espessura de 2cm. Após o término da obra e até mesmo da entrada dos móveis, é que se remove essa proteção, lavando-se com água. O rodapé deverá ser também de mármore. Nos rodapés das escadas existem dois tipos :
 a) retangulares acompanhando os degraus.
 b) triângulos e faixas (ver Fig. 6.17a.b), dando uma inclinação única.

Para os pavimento como arenitos e granitos polidos, a técnica de assentamento é o mesmo utilizada para o mármore.

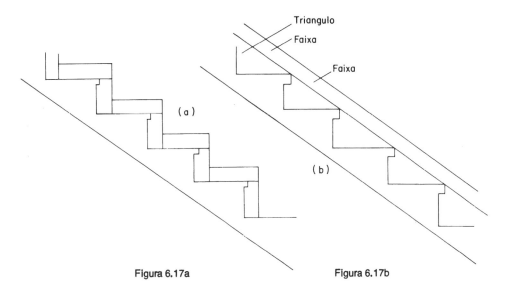

Figura 6.17a   Figura 6.17b

Caco de mármore – o procedimento é idêntico ao do caco cerâmico, com a diferença que as juntas não são tomadas com nata de cimento, mas sim com granilito de granas miudas e corante adequado.

Após decorrer aproximadamente 15 dias, faz-se o polimento e a regularização com a politriz, da mesma maneira que é feito com o mármore, granito ou concreto.

GRANITO POLIDO

É um pavimento idêntico ao do mármore, no que refere à tecnologia de assentamento. O pavimento de granito polido é mais caro que o de mármore, mas tem a vantagem de maior resistência ao desgaste (abrasão). Existe uma variação de pavimento de granito que não é o polido, mas sim simplesmente serrado ou picotado, que é utilizado em escadas, onde o trânsito de pedestres é muito intenso.

PAVIMENTO DE ROCHA NATURAL

Esse pavimento geralmente é utilizado em ambientes externos para serem rústicos, entretanto às vezes é empregado em ambientes internos onde se pode ou não fazer um polimento após seu assentamento. As pedras naturais mais comuns para essas aplicações são os assentos (vermelho, rosa, creme, pedra mineira, ardósia, granito cinza, paralelepípedo etc.). Seu assentamento ou colocação é simples: prepara-se argamassa de cimento e areia grossa ou média na proporção de 1:4, utilizando-se pouca água, o suficiente para que dê uma umidade que não a torne excessivamente plástica para suportar o peso da placa. Esparrama-se a argamassa no local da colocação e coloca-se a pedra sobre a mesma, tendo o cuidado na espessura da argamassa para que o pavimento não fuja da cota determinada pelo projeto. As juntas poderão ser tomadas com a mesma argamassa, somente que se junta mais água até ficar plástica e, em seguida, a sujeira produzida pela tomada da junta pela argamassa é limpa com pano ou estopa antes de "haver pega" na argamassa. Também podemos deixar a junta limpa sem material (argamassa), a fim de que seja posteriormente plantada grama. As placas de rocha natural são preparadas no próprio local pelo caceteiro, que as quebra para dar um melhor arranjo.

Ainda com relação aos pavimentos de rocha natural, podemos citar o "mosaico português", que é muito utilizado em calçadas públicas, tanto em São Paulo como no Rio de Janeiro, onde tornou a calçada da praia de Copacabana famosa no exterior.

PAVIMENTO DE MOSAICO PORTUGUÊS

São pedras mais ou menos regulares, e sendo arenito, seu plano de quebra, ou seja a clivagem, é prevista. Quebramos no tamanho de 5 x 5cm ou 8 x 8cm, nas cores branca ou creme e preto, onde se pode dar o arranjo e desenho que se queira. Após a regularização do terreno e seu respectivo apiloamento, lançamos um lençol de areia grossa ou média com cimento sem água, na proporção de 1:8 ou 1:10; colocamos as pedras no arranjo desejado deixando no máximo junta de 0,5cm, em seguida jogamos sobre este piso mistura de areia e cimento utilizada no lençol básico e batemos com um soquete de madeira para que as pedras se encaixem, penetrem na base de areia e cimento e as juntas fiquem também tomadas com o mesmo material; aí varremos a sobra de areia. Não há necessidade de jogar água. As pedras não se soltam, devido ao encunhamento da areia nas suas juntas; entretanto se uma pedra soltar, irão soltar-se todas, pois não existe uma argamassa propriamente dita que irá soldar ou colar, diferente do caso do caco de mármore, onde as peças são soldadas ou coladas com a massa de granilito e o excesso para regularização é tirado com o polimento por máquina.

ROCHA ARTIFICIAL

Granilito – é um pavimento contínuo, apesar de ter juntas, o que não significa que o pavimento não é contínuo. Chamamos de granilito ou rocha artificial, devido a aparência que fica após sua execução – uma imitação do granito.

Para a execução de um pavimento de granilito, devemos seguir o seguinte ritual:

a) Fazemos o lastro de concreto, que é regularizado com a passagem da régua; deixamos secar aproximadamente 15 dias, isso quando não temos a laje, pois do contrário a laje já é a própria base.

b) Colocamos as juntas, que são peças de latão, alumínio ou plástico, designadas como barras chatas. Chumbamos essas barras chatas no lastro ou na laje com argamassa de cimento, na proporção de 1 parte de cimento para 4 de areia, e armadas de modo que as mesmas fiquem bem niveladas, alinhadas e fixas, e sirvam como guias do acabamento do granito.

Pavimentação

c) Lavamos o pavimento como com nata de cimento. Enchemos os painéis formados pelas barras chatas (juntas) com argamassa de cimento branco e grânula de mármore e corante.

d) Passamos um rolo, com peso aproximadamente de 50kg, para que o mesmo fique bem compactado. (Fig. 6.18) A espessura dessa argamassa depende do diâmetro das grânulas de mármore; quando estas são miúdas, a espessura é da ordem de 0,5cm.

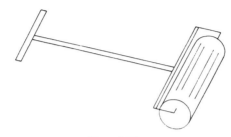

Figura 6.18

e) Após uma semana aproximadamente, faz-se o polimento e o desbaste com a máquina de polimento, utilizando esmeril 40 na primeira passagem e na 2ª muda-se para 120. Não esquecer que esse polimento deverá ser feito com bastante água e com o próprio caldo do desbastamento.

f) Lava-se o piso com bastante água, não deixando marca ou resíduo do caldo do polimento.

g) Encera-se com cera branca de assoalho e lustra-se. O polimento deve ser feito com técnico especializado, pois do contrário a passagem do esmeril mais demorado num lugar do que no outro pode deixar manchado o piso, isso é, com tonalidades diferentes.

CONCRETO POLIDO

A tecnologia é a mesma do granilito, somente que se substitui a argamassa de cimento branco, grânula de mármore e corante por concreto comum, onde se substitui a brita normal por pedrisco e pedra nº 1, tendo o cuidado de aumentar o cimento para compensar o diâmetro menor da brita.

PAVIMENTO SINTÉTICOS

Fibra-vinil – é uma liga termoplástica homogênea, composta por resina vinílica, fibras de amianto, plastificantes, cargas inertes e pigmentos, pertencendo à categoria dos ladrilhos semi-flexíveis de vinil – amianto. A resina vinílica permite aglomerar minérios, estabilizadores, lubrificantes e pigmentos; presta-se à moldagem e proporciona aparência. O amianto incorpora também sua qualidade e, por ser inerte, assegura uma estabilidade dimensional e elimina o risco de levantamento das bordas do ladrilho conhecido como "curling".

A fibra-vinil destina-se a revestimento de pisos, podendo ser aplicado sobre base ideal nas construções novas ou, em caso de reformas, sobre marmorite (granilito), ladrilhos de cerâmica e outros, desde que estejam firmes, limpos e secos. Não é recomendável a colocação sobre madeira (assoalhos, tacos ou parquês) e áreas externas.

Fornecimento Espessura dos ladrilhos fibrovinil	Quantidade de placas p/ caixa	Metragem em cada caixa
1,6 mm	61 placas	5,49m^2
2,0 mm	50 placas	4,50m^2
3,0 mm	33 placas	2,97m^2

Existem vários padrões de cores diferentes.

Já vimos que existem 3 espessuras padrões. Na maioria dos casos, o ladrilho de 2mm é o mais indicado, a não ser que se procure economia; neste caso a solução será usar a fibra-vinil de 1,6mm que, por quilo, permite cobrir 30% a mais da superfície; mas convém examinar cuidadosamente o estado da base, pois quanto mais fino for o revestimento, maior probabilidade de aparecerem ondulações e ressaltos. Essa espessura é recomendável apenas para áreas de trânsito ameno.

Para o caso onde o trânsito previsto seja de grande densidade, recomenda-se a fibra-vinil de espessura 3mm.

Colocação – a colocação da fibra-vinil é das mais simples, respeitadas algumas regras elementares. A base deve ser cuidadosamente examinada, evitando sempre a umidade; para isto faz-se um teste derramando-se uma solução de fenolftaleína a 1%, que tomará a coloração vermelha se a base estiver úmida.

Em seguida, espalhar pequenas quantidades de adesivo em vários pontos do piso. Se o adesivo aderir depois de 24 horas (que se constata procurando destacá-lo com uma espátula), sabemos que a base pode ser utilizada para o assentamento. As bases podem ser novas ou antigas, nuas ou revestidas; em qualquer tipo de base deve-se obter uma superfície nivelada, alisada sem queimar, sem porosidade, totalmente isenta de defeitos e de umidade. A base ideal é feita com argamassa de cimento e areia na proporção de 1 parte de cimento para 3 de areia média para fina, lisa e desempenada com talocha de madeira sem feltro. Essa base deve ser normalizada com massa regularizadora, formada de 1 parte de monômero vinílico dissolvido em 8 partes de água, acrescentando-se o cimento necessário à obtenção de uma pasta mole, que será estendida sobre a superfície com desempenadeira de aço.

Sobre bases irregulares, recomenda-se aplicar 2 ou 3 demãos de massa regularizadora, até se obter a cobertura das imperfeições como juntas, depressões, ressaltos, etc. O ladrilho é colocado com adesivo de base asfáltica e solvente de borracha, estendido com desempenadeira denteada em "V", permitindo a correta distribuição do adesivo.

Logo após a colocação do ladrilho de vinil-amianto, pode se pisar na área revestida, o que inclusive ajuda o pavimento a se ajustar à base. Não se deve queimar a base ideal, a fim de que o adesivo possa penetrar e fazer corpo com ela.

Qualquer que seja a forma do cômodo a revestir, é sempre necessário considerá-la como se fosse regular ou quadrada, desprezando as partes salientes e reentrantes.

Faz-se o traçado desses retângulos com um fio (barbante), coberto de giz e esticado, em seguida levanta-se e solta-se para que fique marcado na base o alinhamento, procurando dessa maneira linhas perpendiculares, de forma que elas se cruzem ao centro do referido retângulo (ver. Fig. 6.19).

Os ladrilhos são normalmente flexíveis, mas quando for necessário executar recortes, curvas e delicados, o colocador facilitará o recorte se aquecer o ladrilho, sempre por baixo e com chama direta.

Pode-se usar o pavimento tão logo colocado, mas deve-se evitar lavá-lo durante 10 dias.

Nesse intervalo, é varrer e passar um pano úmido com um pouco de sabão.

Pavimentação

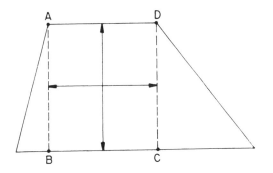 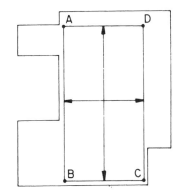

Figura 6.19

Durante os dois primeiros meses, é recomendado encerar semanalmente com cera, que não deverá conter solventes, terebentina e derivados de petróleo. Utiliza-se cera neutra, a base de carnaúba.

PLACA DE PVC

Placa composta a base de uma liga termoplástica de um copolímero de cloreto de vinila (PVC), de plastificantes, estabilizantes, pigmentos e cargas minerais, fabricadas por prensagem e moldagem.

DADOS TÉCNICOS

Fabricada em cores lisas e marmorizadas.
Dimensões da placa lisa: 33 x 33cm.
Espessura: 2 cm
Peso/m^2: 3,5kg.
Cores da placa lisa: 9
Dimensões da placa marmorizada: 35 x 35cm.
Espessura: 2 ou 3mm
Peso/m^2: 2mm = 2,5kg
Cores de placa marmorizada: 9
Embalagem – caixa com 9,8m^2 (80 placas)
Propriedades: não inflamável, resistente a marcas de pés de móveis, desde que protegidos por feltro, é isolante de eletricidade estática, impermeável a óleos, graxas e água. Bom absorvente acústico. As placas não empenam em condições normais de uso. Possui condutividade térmica controlada, no verão é frio, no inverno é quente.

UTILIZAÇÃO BÁSICA

Uso interior, com trânsito leve ou médio, que solicite limpeza freqüente e rápida. O piso não apresenta juntas visíveis depois de acabado. Utilizado em hospitais, escolas, bancos, escritórios, residências, e especialmente em áreas de serviço, cozinhas e banheiros.

APLICAÇÃO

Colocação – antes de dar início ao processo de colocação, é sempre bom verificar o estado das bases, fazendo uma vistoria completa sobre a superfície a ser revestida e exigindo-se para cada caso medidas preventivas que assegurem o bom andamento dos trabalhos.

A base ideal deve ser firme, nivelada, lisa, limpa, seca e executada com argamassa de cimento e areia fina lavada na proporção de 1 para 4.

Os pisos vinílicos tambem podem ser colocados sobre outras bases, como bases rústicas (areia grossa, mal desempenada) ou pré-executadas (cerâmicas, pastilhas, marmorite, ladrilhos). Nesses casos, é obrigatório o revestimento total da base com argamassa regularizadora de PVA.

Uma vez vistoriada e preparada a base, poderá ser iniciada a aplicação do adesivo. O adesivo, à base de neoprene, deve ser garantido e recomendado pelo fabricante. Com uma desempenadeira de aço, pode-se aplicar o adesivo sobre uma base de 2 a 3 m^2 mais ou menos, e no verso das placas correspondentes.

Uma vez seco o adesivo, inicia-se a colocação. Após colocadas, recomenda-se fixar as placas batendo com um martelo de borracha.

Para limpeza dos pisos, basta dissolver sabão de coco neutro em água, espalhar esta mistura no piso e lavá-lo normalmente. É importante evitar estagnação prolongada de água. Depois, é só secar com um pano.

Polir com enceradeira.

Mão-de-obra: requer especializada.

MANTA DE PVC

Laminado vinílico com ou sem estampa, levemente gravado, composto em 4 camadas, sendo uma de reforço de tela traçada de algodão, base de PVC com uma camada de cristal vinílico na superfície para maior durabilidade e resistência à abrasão.

DADOS TÉCNICOS

Dimensões: fabricado em rolos de até 30m com 0,90m de largura.
Espessura: 1mm
Peso: 1,2kg/m^2
Cores: 12, lisas e estampadas.
Propriedades: boa resistência à abrasão. Resistência ao ataque de agentes químicos. Facilidade de limpeza, impermeável.
Não empena.

UTILIZAÇÃO BÁSICA

Utilizado como revestimento de pisos em obras habitacionais, em todas as dependências internas.

APLICAÇÃO

Base: cimentado desempenado e liso, sem ser queimado com pó de cimento, utilizando-se desempenadeira de aço; dosagem, partes 1:3 (cimento e areia).

Se necessário, regularizar o contra-piso com massa niveladora de PVA com cimento, aguardando 24 horas para secagem. Após a secagem, lixar as imperfeições e limpar toda a superfície antes de iniciar a colocação do material. O adesivo utilizado é

Pavimentação

cola de contato a base de neoprene, produzida pelo próprio fabricante da manta, aplicado com espátula na base e nas mantas.

Cuidados: não aplicar sobre base úmida, madeira, vitrificados e esmaltados ou em áreas externas. O local da aplicação deve ter boa ventilação e o adesivo não deve ser exposto aos raios solares para a evaporação do solvente.

Como proceder: cortar o material 3 a 5cm maior que o comprimento ou largura do ambiente a ser revestido.

– utilizando-se desempenadeira sem dentes, aplicar o adesivo no verso do material cortado, deixando-o secar.

– com a desempenadeira, aplicar o adesivo sobre a base deixando-o secar.

– durante o tempo de secagem do adesivo, o material deve ficar estendido em local arejado e protegido dos raios solares.

– uma vez seco o adesivo, iniciar-se a colagem e o rejuntamento do material.

– aplicar o material deixando uma sobra junto aos rodapés para corte posterior.

– a união entre uma manta do material e outra deve ser feita por **sobreposição** (2 a 3 cm uma manta sobre a outra), para corte posterior. Alisar a extensão do material com espátula.

– aguardar 24 horas para indicar os cortes das emendas.

– utilizar um bisturi de lâmina afiada e uma régua de aço; indicar os cortes das emendas. Nunca tirar o bisturi da posição de corte, o corte deverá ser contínuo até o final da peça.

– uma vez cortado o material, retirar as sobras e passar a espátula firmemente sobre a emenda. O material deverá ficar em perfeita justaposição.

Limpeza e conservação:

Para limpeza, dissolver sabão de coco sem soda em água, espalhar esta mistura no piso e lavar normalmente.

Evitar estagnação de água. Secar com pano.

Mão-de-obra: aplicador habilitado.

FORRAÇÃO TÊXTIL AGULHADA

Manta formada por uma camada de fibras de nylon e **polipropileno**, fixada a um suporte constituído de um feltro de poliéster ou de fibras sintéticas, sendo a ligação do conjunto reforçado por impregnação de resinas orgânicas. Esta manta passa por um processo de fabricação de agulhamento plano ou vertical, através de diferentes tipos de prancha de agulha e, como conseqüência do tipo de agulhado aplicado na manta, ela pode apresentar-se com ou sem relevo.

DADOS TÉCNICOS

Dimensões: 2 m de largura e 30 a 40 m de comprimento (rolos) – 0,50 x 0,50 m (dimensão média) (placas).

Espessura: 5,2 mm com tolerância de $\pm$ 0,3 mm
5,0 mm com tolerância de $\pm$ 0,3 mm
8,0 mm com tolerância de $\pm$ 9,7 mm

Peso (conforme espessura):
médio – de 750 g/m² com tolerância de ± 45 g
médio – de 930 g/m² com tolerância de ± 65 g
médio – de 1.200 g/m² com tolerância de ± 70 g

Estabilidade dimensional: os ensaios realizados em função das condições hidrométricas demonstram pequenas variações e fornecem resultados inferiores a 10 mm/m.

Cores: dependendo do tipo, apresenta 10 a 12 cores distintas.

Propriedades: antiestático, antialérgico, antimofo, antitraça, com características de isolante acústico.

UTILIZAÇÃO BÁSICA

Revestimento de pisos internos de trânsito leve ou médio, sendo recomendado para utilização em ambientes sociais, residenciais ou públicos. Eventualmente utilizado como revestimento de paredes.

APLICAÇÃO

Em base firme, isenta de umidade e nivelada. Sobre laje de concreto, executar cimentado, dosagem 1 de cimento e 3 de areia média para fina, normalizando com argamassa regularizadora. Em assoalhos de madeira, pisos em PVC e granilito – normalizar com argamassa regularizadora. As mantas devem ser estendidas no sentido da entrada da luz do dia na peça ou porta principal. Colado com adesivo de contato à base neoprene, distribuído com desempenadeira de dentes em V, superpondo 10 cm nas emendas e subindo levemente sobre paredes e soleiras.

Contra-indicação: não deve ser empregado em ambientes de pouca ventilação e sujeitos a umidade, como banheiros e cozinhas.

Mão-de-obra: requer execução por empresa especializada.

PLACA DE BORRACHA SINTÉTICA

Placa produzida por processos industriais, a base de borracha sintética, com a face exposta lisa, estriada ou pastilhada e a contra-face ranhurada ou com pequenos pinos.

DADOS TÉCNICOS

Dimensões: variam de 30 x 30 cm até 50 x 50 cm, conforme o fabricante.
A espessura da placa varia de 2 a 10 mm, conforme o fabricante.
Peso: 6 a 8 kg/m², conforme a espessura da placa.
Tensão de ruptura: 30 kg/cm².
Propriedades: antiderrapante, abafa o ruído de calçados, resistente a óleos e seus derivados, resistente a ácido. Não queima ao contato com cigarros.
Suporta pressões de até 300 kg/cm², sem deformar-se.
Cores: preto, cinza, verde. Para outras cores consultar os fabricantes.
Acessórios: degraus, rodapés e canaletas.
Textura de placa: lisa, estriada, pastilhada.

UTILIZAÇÃO BÁSICA

Em pavimentos sujeitos a movimento intenso de pessoas, rampas, escadas, pisos de indústrias, garagem, em locais onde o pavimento deve ter características anti-derrapantes.

APLICAÇÃO

Base ideal para placas com face inferior lisa: cimentado, plano, dosagem 3 partes de areia média lavada e 1 parte de cimento. Podem ser aplicadas sobre cerâmica, mármore, madeira, granilito, pastilhas, desde que o mesmo esteja seco, limpo e bem desempenado.

As placas desse tipo são coladas à superfície básica, enquanto as placas com a face inferior ranhurada ou em pinos são aplicadas com argamassa de cimento e areia na proporção de 1:3.

APLICAÇÃO DA PLACA ARGAMASSADA

Considerando o contra-piso pronto, preparar a argamassa de cimento e areia na proporção de 1:4 que deverá ser espalhada no verso das placas, em quantidade suficiente para que sejam preenchidas todas as suas concavidades. Espalhar essa mesma argamassa sobre o contra-piso em espessura uniforme.

Colocar as placas uma a uma em seu lugar definitivo, batendo levemente com uma desempenadeira para eliminação do ar eventualmente existente. Após 3 dias, pode-se permitir o tráfego de pessoas.

APLICAÇÃO DA PLACA COLADA

Passar a cola com espátula na placa e no contra-piso. Deixar secar 30 min, e fazer o assentamento batendo nas placas com um martelo de borracha para melhor aderência.

Obs.: Aconselha-se, para grandes áreas, a colocação pelo sistema de junta de amarração, para evitar problemas de alinhamento. Não é aconselhável a colocação da placa tipo colado em áreas externas e locais úmidos.

Placas coladas são removíveis sem sofrer danos, dissolvendo-se a cola com removedor comum.

Conservação: recomenda-se a lavagem com sabão ou detergentes.

Quanto à mão-de-obra, requer execução por empresa especializada.

Limpeza: vassoura de piassava, água e sabão.

No pavimento tipo colado é aconselhável somente pano úmido.

Brilho: cera preta (polir, usando enceradeira com feltro), solução de glicerina (4%) com álcool (4%).

PAVIMENTO VINIL AMIANTO

É uma liga termoplástica, homogênea, composta por resina vinílica, fibras de amianto, plastificantes, cargas inertes e pigmentos, pertencendo à categoria dos ladrilhos semi-flexíveis de acordo com as especificações da Associação Brasileira de Normas Técnicas, através da Norma EB 961.

FABRICAÇÃO

Após dosados e pesados, os componentes são misturados e laminados a quente, até obter-se a espessura desejada. Em seguida, é cortado em placas, que, após rigoroso controle de qualidade, são embaladas.

UTILIZAÇÃO BÁSICA

O vinil-amianto destina-se ao revestimento de pisos em geral, podendo ser colocado em base de cimento, marmorites, granilitos, cerâmicas e outras, desde que estejam firmes e totalmente isentas de umidade, não pode ser aplicado sobre tacos ou assoalhos. Pode ser aplicado em hotéis, hospitais, cinemas, lojas, residências e outras áreas em geral.

APLICAÇÃO

É fornecido e colocado por revendedores autorizados, que dispõem de elementos especializados para a execução de mão-de-obra.

Considera-se base ideal para aplicação a argamassa de areia média e cimento na proporção de 3 partes de areia para 1 parte de cimento, lisa e desempenada, tipo massa fina e absolutamente isenta de umidade. Sobre essa base, aplica-se uma ou mais demãos de argamassa regularizadora, que é composta por 8 partes de água para 1 de PVA, acrescida de cimento até ficar pastosa. Para o caso de colocação sobre outros pisos já existentes, aplica-se a argamassa regularizadora da mesma forma, para corrigir possíveis imperfeições.

Aconselha-se a colocação com cola especial própria, que deverá ser estendida com desempenadeira de aço com dentes em V, para permitir a correta distribuição.

INSTRUÇÕES PARA MANUTENÇÃO

Após a colocação, recomenda-se a circulação imediata pelo local, a fim de auxiliar a fixação.

Nos dez primeiros dias após a colocação, não jogar água, limpando o pavimento apenas com pano úmido. Utilizar vassoura de pêlo para varrer, preferencialmente.

Para lavar, utilizar sabão neutro.

Nunca use derivados de petróleo no piso, pois isto danificará o material.

REVIFLEX BOUCLÊ

O reviflex bouclê é um carpete agulhado fabricado com fibras sintéticas virgens, de polipropileno, e reforçado por uma impregnação de resinas sintéticas. O efeito "bouclê" é obtido por uma agulhagem especial.

UTILIZAÇÃO BÁSICA

Devido ao aspecto decorativo de seu relevo, o reviflex bouclê é indicado para ambientes residenciais, mas pode ser aplicado também em áreas comerciais de tráfego moderado.

ESPECIFICAÇÃO

Peso médio: 750 g/m^2
Espessura média: 4,5 mm
Largura da manta: 2 metros
Números de cores: 8

PROPRIEDADES

Resistente ao desgaste e à luz solar.
Retardante às chamas, isolante termo-acústico.
Anti-alérgico, anti-mofo e anti-traça.
Estabilidade dimensional inferior a 1%.

APLICAÇÃO E LIMPEZA

Reviflex Bouclé pode ser aplicado sobre qualquer base, desde que esta esteja firme, isenta de umidade e bem nivelada.

PAVIMENTO FENÓLICO MELAMÍNICO TIPO FORMIPLAC, FÓRMICA, ETC.

O pavimento é um laminado plástico de alta pressão, com um núcleo fenólico e superfície melamínica decorativa e funcional, especialmente formulada para assegurar extraordinária resistência à abrasão.

CARACTERÍSTICAS GERAIS

Espessura: 2 mm
Acabamento: texturizado antiderrapante
Placas: 600 mm x 600 mm e também em réguas de 200 mm; 300 mm; 400 mm x 3.080 mm, ou em chapas inteiras.
(1.250 mm x 3.080 mm).

APLICAÇÃO

O pavimento é especialmente recomendado para aplicação sobre as seguintes bases:
- Metálicas (aço, ferro fundido);
- Madeira aglomerada;
- Madeira compensada;
- Concreto.

É utilizado com êxito em aplicações residenciais, obtendo-se segurança, durabilidade, facilidade de aplicação/manutenção e efeito estético.

Nas salas de cirurgia, laboratórios e outras aplicações específicas, o pavimento é a solução mais eficiente.

CARACTERÍSTICAS ESPECÍFICAS

O pavimento fenólico melamínico destaca-se pelas seguintes características:
Manutenção fácil e econômica:
  a) Prescinde de limpeza rigorosa ou uso de fortes detergentes;
  b) Desnecessário o uso de ceras ou vernizes para sua conservação.
Resistência contra cargas móveis sobre rodas.
Resistência contra marcas deixadas por:
  a) Equipamentos pesados;
  b) Saltos de sapato;
  c) Móveis.
Grande resistência contra:
  a) Perfurações;
  b) Fissuras;
  c) Queima causada por pontas de cigarros.
Resistência contra desgaste devido a:
  a) Tráfego;
  b) Limpeza.

Propriedades antiestáticas:
Dissipa a eletricidade estática, portanto não acumula poeira e não interfere com aparelhagem eletrônica.

Superior resistência contra:
a) Tintas;
b) Agentes químicos;
c) Detergentes domésticos.

Higiênico e não tóxico:
a) Não é poroso;
b) Não é absorvente;
c) É antialérgico.

Excelente estabilidade de cores contra raios ultravoletas e infravermelhos.

A fim de assegurar a longevidade e boa aparência do pavimento, observe as seguintes recomendações:

Varrer regularmente. Se necessário, limpe com água e sabão neutro.
— Utilizar capacho ou equivalente nas entradas diretas da rua.
— Lembre-se de que a melhor garantia para longevidade do pavimento é mantê-lo limpo.
— Não utilize lã de aço, esponja de nylon ou abrasivos de qualquer espécie.

PAVIMENTO DE VIDRO

São pavimentos pouco utilizados atualmente. Antigamente era aplicado no piso de calçadas para iluminação de porões, garagens, de sub-solos através do chamado "poço inglês", como demonstra a Fig. 6.20.

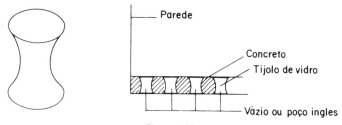

Figura 6.20

São peças de vidro no formato de cilindro estrangulado no centro (Fig. "b"), que é introduzido na massa de concreto como caixão perdido. Com o objetivo único de dar claridade, sem passar chuvas, detritos etc.

PAVIMENTO TEXTIL

Não são pavimentos propriamente ditos, mas sim um revestimento de piso que não teve um acabamento final, como um cimentado. É um tapete que cobre toda a área desejada: são denominados "carpetes". Sua aplicação é feita cobrindo-se a área com um forrão (feltro), que tem a finalidade de não deixar a umidade de frio em contato direto com o carpete, tirar ou disfarçar os defeitos irregulares da base. O forrão e os carpetes são fixados através de pregos em ripas pré-fixadas na base para não escorregar, dobrar, etc. Existem também carpetes que são colados — esses não utilizam o forrão.

Capítulo 7
FORRO

DEFINIÇÕES

A denominação hoje em dia, e principalmente no ambiente ou meio leigo. Em algumas partes do país é adotada a terminologia "teto", enquanto em outros adota-se "forro". Entretanto o novo dicionário da Língua Portuguesa do Aurélio Buarque de Holanda Ferreira diz: Forro: "tábuas com que se reveste interiormente "teto" de casas" – Teto: "a face superior interna de uma casa ou um aposento". O novo Dicionário da Língua Portuguesa de Candido Figueiredo: Forro: "Tábuas com que se reveste interiormente o teto das casas ou os soalhos. Espaço entre o telhado e o teto das salas ou quartos". Portanto, fica claro que tecnicamente o teto é o que define o pé direito de um cômodo, enquanto que o forro é o revestimento que cobre o teto ou não, podendo ter-se forro falso, que nada mais é do que um revestimento abaixo do teto. Assim definido empiricamente ou etmologicamente a diferença entre o forro e teto, passamos a descrever os forros.

CLASSIFICAÇÃO

Segundo o material de que é construído, podemos classificar os forros da seguinte maneira:

a) Madeira
b) Argamassa
c) Estafe
d) Fibras
e) Concreto armado, a vista aparente
f) PVC
g) Metálico
h) Gesso

Com exceção do forro de concreto armado, todos os demais deverão ter estruturas, suportes independentes do telhado, das lajes, dos pisos e dos tetos, para que não venham a apresentar defeitos devido as movimentações do telhado como das dilatações das lajes dos pisos. O forro geralmente é pregado, colado ou simplesmente suspenso. O forro deverá ser completamente isolado da estrutura do telhado, para que o forro trabalhe sem dar defeito proveniente da movimentação do próprio telhado. Para sustentação do forro devemos criar uma estrutura particular, independente e própria para este fim.

FORRO DE MADEIRA

Foi o primeiro que surgiu, sua aplicação é idêntica a do piso, possui os mesmos vigamentos, tarugamentos, contraventamento dos pisos. Antigamente os sobrados recebiam de um lado o piso e do outro o forro, aproveitando o vigamento e tarugamento único. Quando o vigamento é propositalmente deixado aparente em cômodos principais e amplos, denomina-se forro de vigamento aparente (Fig. 7.1), oxigindo que o vigamento seja aparelhado e colocado com esmero, de modo a manter paralelismo e idêntico afastamento. Os tarugamentos e contraventamentos, se houver, serão tratados com o mesmo cuidado.

O forro (tábuas) precisa ser aparelhado pela face que ficar a vista (inferior), com pequena moldura junto à ranhura para disfarçar a junta, assim como também colocação de pequenas molduras nas arestas das vigas com o taboado; para esconder as paredes poderá ter os seguintes arremates: tabeira, cimalha e aba (Fig. 7.2).

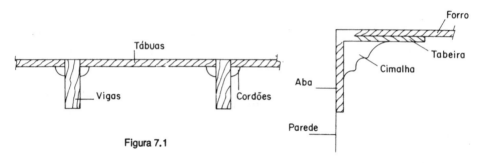

Figura 7.1

Figura 7.2

Os forros de madeira são compostos de vigamento, tarugamento, contraventamento e tábuas; e quando estas tábuas eram sobrepostas, eram denominadas saia e camisa, não tendo rebaixo e encaixe, isto é, macho e fêmea (Fig. 7.3).

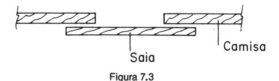

Figura 7.3

As camisas eram tábuas apenas aparelhadas e pregadas diretamente sob o vigamento, deixando entre elas espaço vazio; em seguida, pregavam-se as saias, que na verdade faziam papel de mata-junta. As saias eram sempre de largura mais reduzidas que as camisas. Os forros de tábuas de ranhura e lingüeta, ou macho e fêmea, podem ser executados com desenhos semelhantes aos usados nos soalhos (Fig. 7.4a, b, c, d).

Figura 7.4a, b, c, d

Um recurso para melhorar a decoração será o de usar tabeira em nível diferente dos do campo central, como mostra a Fig. 7.5.

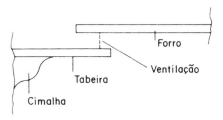

Figura 7.5

Outro recurso quando o cômodo é amplo, dividido com vigamento aparente, é fazer painéis como o da Fig. 7.6.

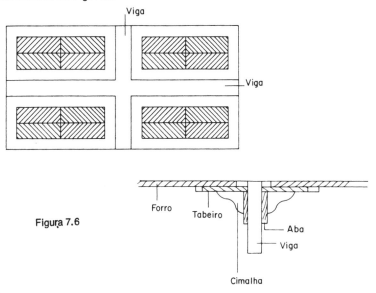

Figura 7.6

Quando os cômodos são de áreas pequenas, a sustentação é feita com vigamento apoiado diretamente sobre as paredes; entretanto quando a área é razoavelmente grande, deve-se utilizar tesouras apoiadas nas paredes de contorno, independentes das tesouras do telhado. (Fig. 7.7).

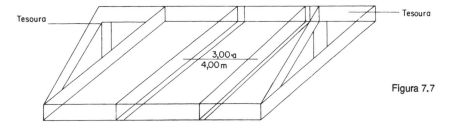

Figura 7.7

FORRO DE ESTUQUE

O forro de estuque é uma transição entre forro de madeira e o forro de laje de concreto armado. É um forro de argamassa, que podemos dizer de argamassa armada, pois existe uma malha de arame ou tela Deployé que sustenta o revestimento suporte para em seguida receber o emboço e o reboco.

Como já foi dito inicialmente, esse forro necessita de uma estrutura toda especial, independente do telhado, portanto construiremos tesouras, ou vigamentos se for o caso, apoiadas nas paredes internas que limitam a área do forro, no espaçamento de 2 a 3 metros, conforme a menor dimensão da área a ser forrada. Na altura da linha dessas tesouras, ou simplesmente da viga se for o caso, são colocados travamentos transversais de peças de 2,5 x 16 cm de peroba, afastadas de eixo a eixo de 30 a 40 cm. Em seguida contraventamentos ou entarugamos com sarrafos também de 2,5 x 10,00 cm, podendo ser neste caso de pinho. (Fig. 7.8).

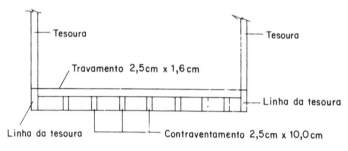

Figura 7.8

Uma vez estabelecida a estrutura suporte própria, a ela é estendida, esticada e pregada pela parte inferior a tela Deployé, que é comercialmente fornecida em rolos e estampada a fogo, com malha em forma de losango e com os lados retorcidos. É muito comum substituírem a tela Deployé por tela de arame galvanizado, afim de abaixar o custo do forro, o que não é recomendável. Constrói-se um tabuleiro com dimensões maiores que o quadrado do tarugamento do forro (Fig. 7.9).

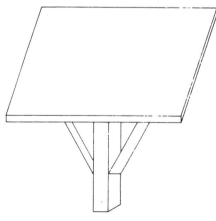

Figura 7.9

Coloca-se o tabuleiro na parte inferior da tela, encostado à mesma. Pela parte superior coloca-se ou enche-se os quadrados do tarugamento com argamassa mista de cal e areia 1:4/12, isto é, argamassa preparada com uma porção em volume de cal para 4 volumes de areia média; após preparado esta argamassa de cal e areia, juntamos um volume ou parte de cimento para 12 volumes ou partes desta argamassa.

A função do tabuleiro é justamente amparar a argamassa junto a tela, não deixando a mesma cair. O enchimento deve ter de preferência a forma parabólica, isto é, maior altura junto a madeira e menor espessura no centro do quadrado (Fig. 7.10), procurando junto à madeira, onde a altura da argamassa é maior, bater com a lâmina (espessura) da colher de pedreiro no canto (junção) da tela com a madeira, procurando introduzir a argamassa em baixo da madeira, isto é, entre a madeira e a tela.

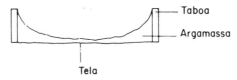

Figura 7.10

É retirado o tabuleiro e colocado no quadrado seguinte, usando a mesma tecnologia da execução. Após 72 horas, mais ou menos, tempo necessário para a argamassa ter a resistência necessária para receber o emboço que se fará, fazendo o nivelamento com a linha e colocando as guias em distâncias não maiores que 2 metros. Segue-se o processo idêntico ao emboço das paredes, lança-se ou chapa-se com argamassa de cal e areia (média) na proporção de 1 para 4, e comprime-se com a colher.

FORRO METÁLICO

Os forros metálicos podem apresentar-se em painéis ou também em bandejas.

Painéis — os forros em painéis podem ser de alumínio com espessuras de 0,3; 0,5; 0,6 mm formados em perfiladeiras.

ESTRUTURA DE SUSTENTAÇÃO

Depois de estabelecido o "layout" do forro com luminárias, o respectivo pé direito, direção das réguas e a necessidade ou não de tratamento termo-acústico, passa-se a sua instalação, que tem uma seqüência bem determinada.

Inicialmente colocam-se as cantoneiras, que obedecem a imposição do pé direito e que estabelecerão as condições para o nivelamento do forro. A seguir, são aplicados os pendurais, cuja função é suportar os porta-réguas e as luminárias. Aplicam-se os porta-réguas, que se apoiam nas abas horizontais das cantoneiras, quando o arremate periférico for de fio reentrante, ou se apóiam nas abas verticais das cantoneiras, quando o arremate periférico for do nível do forro.

Os porta-réguas são colocados a cada 1.250 mm e as travessas a cada 1.200 mm; as travessas se interligam por um encaixe de pressão afim de que a malha resista aos esforços da tração.

Terminada a malha de sustentação, finaliza-se aplicando as réguas que se encaixam perfeitamente sob leve pressão nas garras dos porta-réguas; depois de cada grupo de aproximadamente 6 linhas de réguas são aplicadas 6 linhas de tapa-canais e assim por diante.

TRATAMENTO DE SUPERFÍCIE

O painel de alumínio é pré-tratado por processo de cromatização pintado em linha contínua com primer e posteriormente com tinta polyester na face aparente, ou ainda pintado em ambas as faces, podendo ser diferentes as cores de cada face.

ILUMINAÇÃO

Integrada, através de luminárias de embutir, fabricadas em chapas de alumínio, tratadas e pintadas em linha contínua com "primer" e tinta poliéster na cor branco-brilhante em ambas as faces.

Os difusores de luminárias são formados pelos próprios painéis do forro, que sofrem estampagens para a formação dos difusores aletados ou vazados, podendo ainda outras luminárias serem acopladas a este forro.

TRATAMENTO ACÚSTICO

Em ambientes onde houver a necessidade de um bom tratamento acústico, utiliza-se sobre o forro uma camada de lã de vidro com densidade apropriada, envolta em película de polietileno auto-extingüível na cor preta.

ELEMENTOS COMPLEMENTARES E ACESSÓRIOS

Sprinklers, sonorização, detectores de fumaça, sistemas de ar condicionado, divisórias, comunicação visual e quaisquer elementos podem ser facilmente conjugados ao forro.

BANDEJAS

É um forro metálico composto de bandejas de aço SAE 1010 tratado, com espessura de 0,5 mm ou em alumínio de 0,7 mm em padrões lisos, podendo ser perfurados ou não.

ESTRUTURAS DE SUSTENTAÇÃO

A estrutura de sustentação compõe-se de perfís, em seção H, fabricados em alumínio, proporcionando total flexibilidade em termos de aplicação.

As cantoneiras são colocadas, estabelecendo as condições para nivelamento do forro.

A seguir, são aplicados os pendurais, cuja função é suportar os perfís principais e as luminárias. Em seguida são colocados os perfís principais, exatamente no nível das cantoneiras de arremate periférico.

Os perfís principais são aplicados a cada 1,25 mm, sendo contraventados a cada 1 m por barras estabilizadoras.

Finalmente as bandejas são simplesmente depositadas nos perfís, podendo ou não levar componentes termo-acústicos conforme conveniência.

PROPRIEDADES, CARACTERÍSTICAS

Os forros metálicos são utilizados em vários tipos de obras como: aeroportos, hotéis, hospitais, escritórios, estações rodoviárias, metroviárias e ferroviárias, lojas de departamentos, supermercados etc.

São forros de alta durabilidade, por apresentar excelente resistência mecânica, mantendo-se inalterado durante toda vida útil da obra, sem sofrer dobras ou amassamentos. Apresenta garantia total em relação à resistência ao fogo e à oxidação. A opção em aço receberá tratamento de galvanização por imersão a quente antes de ser pintado a epóxi pó.

FORRO DE PVC

O forro de PVC pode ser rígido ou flexível. Ambos são compostos por painéis lineares, que encaixam-se entre si pelo sistema macho-fêmea, não aparecendo emendas.

O forro de PVC tem o seu peso reduzido, o que oferece facilidade no transporte, aliviamento da estrutura e aplicação simples e rápida com grampos ou parafusos. Para a colocação do forro, temos que observar as seguintes especificações:

TARUGAMENTO

O tarugamento com sarrafos de pinho aparelhados 10 x 2,5 cm e 5 x 2,5 cm) obedece aos critérios tradicionais.

Os sarrafos de 5 x 2,5 cm são colocados deitados e pregados em baixo dos sarrafos de 10 x 2,5 cm, no sentido transversal às chapas. Devemos notar que os sarrafos de 5 x 2,5 cm devem ser colocados com um espaçamento de aproximadamente 60 cm, o que proporciona grande economia de madeira. É nos sarrafos que serão grampeadas as chapas do forro. As chapas poderão ser parafusadas nos perfís metálicos, o espaçamento deve ser o mesmo (60 cm) às chapas: no caso de perfilados metálicos, serão fixadas por meio de parafusos ou presilhas. Devemos estar atentos quanto às recomendações gerais, a seguir:

- o comprimento das chapas do forro de PVC deve ser de aproximadamente 0,5 cm menor do que o vão a ser forrado, para permitir a livre dilatação do material.
- as chapas do forro de PVC são fáceis de cortar, principalmente com lâmina abrasiva. Se usarmos serra, é preferível a de lâmina de dentes finos e com trava não muito acentuada.
- quanto ao acabamento periférico, podem ser utilizados perfís de alumínio, madeira ou qualquer outro tipo de material que atenda às conveniências do colocador.

PROPRIEDADES FÍSICAS

Absorção acústica; testes efetuados com o forro de PVC, pelo método de ondas estacionárias, apresentaram um coeficiente de absorção média de 70% entre as freqüências de 125 a 4.000 hertz.

PROPRIEDADES QUÍMICAS

O forro de PVC resiste perfeitamente à maioria dos agentes químicos, detergentes usuais, gases industriais, óleos e graxas, bem como a bactérias. Permanece inalterável aos fenômenos da corrosão, ao ar do mar e aos fungos. Inércia absoluta no contato com os tradicionais materiais de construção civil, cimento, cal, gesso, etc.

RESISTÊNCIA AO FOGO

O forro de PVC é ininflamável – a carbonização cessa assim que se debele as chamas, não propaga o fogo e não forma gotas incandescentes, sendo portanto material de alta segurança contra incêndio.

Devido ao baixo peso e alta resistência das chapas de PVC, elas podem ser fixadas em estruturas de aço, alumínio, madeira, suspenso ao forro estrutural por meio de tirantes convencionais.

A manutenção é feita através de um pano embebido em detergente ou sabão neutro e água.

Geralmente os forros de PVC, se conveniente, aceitam perfeitamente a pintura.

FORROS DE FIBRA

Os forros de fibras se apresentam hoje como a resposta da tecnologia diante das necessidades atuais de isolação termo-acústica, efeitos arquitetônicos, além da leveza e facilidade de montagem.

Além dessas vantagens, os forros de fibra são inodoros, não absorvem umidade, não oferecem "habitat" para criação e desenvolvimento de fungos ou bactérias, nem oferecem possibilidade de serem atacados por roedores.

Apesar de apresentar resistência à compressão, sofre com a ação de diferença de pressão e golpes de vento, que causam danos ao conjunto, podendo até deslocar algumas placas. Devido a esses efeitos negativos, a indústria lança no mercado forros com diferentes densidades para o comprador aplicar o tipo que melhor se enquadrar à sua obra.

De modo geral, os forros presentes no mercado são os de fibra de vidro, lã de rocha, fibra de madeira e fibra natural.

A alta tecnologia utilizada, produziu o forro de fibra de vidro e transfere à fibra de vidro benefícios tais como fibras mais uniformes e regulares, aglutinadas com resinas sintéticas. Assim consegue-se painéis fortes, estáveis e indeformáveis ao longo do tempo.

SISTEMA DE APLICAÇÃO

São fixados, de um modo geral, com perfis de alumínio, aço ou madeira atirantados ao teto, por meio de pendurais de aço ou chapas de alumínio.

Para o travamento de estrutura são necessárias travessas, que determinam o tamanho da placa, facilitando dessa maneira a colocação.

Cada tipo de forro apresenta componentes de fixação específicos, de acordo com o tipo de forro e fabricante.

É importante observar que é necessário que se deixe um vão mínimo entre o forro e a laje, para que possa fazer a instalação das luminárias, em que as mesmas deverão ter seu ponto de apoio na laje e não sobre os perfis, que não foram dimensionados para tal.

ACABAMENTO

Os forros de fibra são apresentados com diversos tipos de acabamento da parte exposta, a saber:

forro de fibra de vidro:
    plástico: de material plástico corrugado; *pintado:* com película de véu de vidro; *aluminizado*: com película de algum corrugamento

forro de fibra de *madeira*: revestimento incorporado à própria placa.

forro de fibra de *rocha*: pintado.

Capítulo 8
VIDRO

Vidro é basicamente um produto monolítico, plano, transparente ou translúcido, resultante da fusão da sílica (areia) auxiliada por fundentes rochosos (feldspato, dolomita e calcário) e por fundentes industriais (carbonato de sódio, sulfato de sódio), posteriormente resfriado até uma condição de rigidez, sem se cristalizar.

Inicialmente daremos a tecnologia e definições gerais utilizadas nas aplicações de produtos de vidro em chapas, usados na construção civil adotada pela ABNT, assim como facilitar a exposição do assunto.

CALÇO

Peça de material resistente, imputrescível e de dureza inferior a do vidro, por exemplo: madeira tratada, borracha sintética, plástico, destinada a:
 a) assegurar o posicionamento correto da chapa de vidro nos caixilhos;
 b) transmitir os esforços solicitantes da chapa de vidro ao caixilho, de maneira a não promover tensões inaceitáveis para o vidro ou caixilho.
 c) evitar o contato entre o vidro e a alvenaria ou elementos metálicos.

Distinguem-se, segundo sua posição nas folgas, como:
 a) calço de bordo
 b) calço lateral posterior
 c) calço lateral anterior (ver Figs. 8.1, 8.2, 8.3).

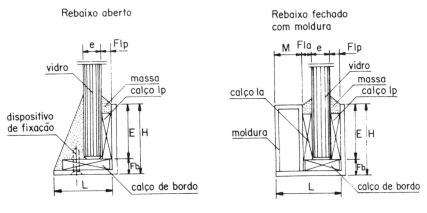

Figura 8.1   Figura 8.2

FLp = folga lateral posterior
FLa = folga lateral anterior
E = encosto
Lp = lateral posterior
H = altura
L = largura
Fb = folga de bordo
M = largura da moldura
E = espessura do vidro

Figura 8.3

CARRÔ

Conjunto de peças regulares de vidro plano ou vidro espelhado, com bordos lapidados, montadas umas junto às outras num mesmo plano sobre base de madeira ou outro material similar, com finalidade ornamental.

Colocação auto-portante – colocação característica dos vidros temperados, em que a chapa apresenta todos os bordos aparentes, fixada através de peças próprias.

CONTRAVENTO

Peça utilizada com a finalidade de aumentar a resistência, frente às solicitações mecânicas perpendiculares às chapas de vidro, nas colocações auto-portantes.

Dispositivos de fixação – peças de madeira, metal, plástico ou outro material, destinadas a dar maior segurança à fixação da chapa quando colocada com massa em rebaixos sem molduras, tais como cavilha, grampos, pinos, pregos.

DOMO DE VIDRO

Unidade auto-portante em vidros de segurança aplicada em coberturas com finalidade de receber iluminação zenital e/ou ventilação.

ENCOSTO

Diferença entre altura do rebaixo e a folga de bordo.

ENVIDRAÇAMENTO

Processo de fixação de chapas de vidro em aberturas ou elementos construtivos, previamente preparados.

Envidraçamento externo – colocação de chapa de vidro em aberturas ou elementos construtivos externos, processada pelo lado de fora do prédio.

Vidro

Envidraçamento interno – colocação de chapa de vidro em aberturas ou elementos construtivos, processada por dentro do prédio.

Folga – distância, em geral constante, entre a chapa de vidro e o rebaixo entre a chapa de vidro e a moldura, ou entre duas chapas de vidro, distinguindo-se:
- a) folga de bordo, quando em relação ao fundo de rebaixo;
- b) folga lateral posterior, quando em relação à lateral do rebaixo;
- c) folga lateral anterior, quando em relação à moldura;
- d) folga em colocação auto-portante, quando em relação ao outro bordo, piso, parede ou teto.

FOLHAS

São os painéis principais constituintes do caixilho, fixos ou móveis, podendo conter subdivisões (Fig. 8.4).

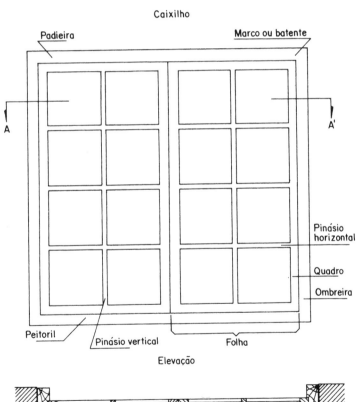

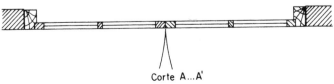

Figura 8.4

GAXETA

Junta de vedação pré-moldada com propriedades elásticas, destinada a fixar a chapa de vidro ao rebaixo, promovendo concomitante estanqueidade.

IDENTIFICAÇÃO

Marcação indelével efetuada junto ao bordo do vidro, com o objetivo de identificar o fabricante. Pode ser obtida por aplicação de:
 a) esmaltes vitrificáveis;
 b) ácidos
 c) jatos de areia

LABORAÇÃO

Trabalho executado na chapa de vidro segundo sua finalidade, a saber: (Fig. 8.5).
 a) furo
 b) recorte
 c) cava
 d) estria
 e) raia
 f) perolado
 g) acabamento do bordo
  – corte limpo
  – filetado ou escantilhado
  – lapidado redondo
  – lapidado chanfrado
  – bisotê
  – bisotê fábrica
  – bisotê fábrica inglês
  – duplo bisotê

MARCOS DE ESQUELETO

Leve depressão franjada ou contínua em uma das superfícies da chapa de vidro temperado, resultante do processo de fabricação, paralela ao bordo e distante dele até 10 mm.

MARCOS DE PINÇAS

Leves depressões em chapas de vidro temperado, resultantes do processo de fabricação e distante do bordo até 10 mm.

MASSA

Material utilizado para fixar a chapa de vidro ao rebaixo, promovendo concomitante estanqueidade; classifica-se em:
 a) dura – massa que endurece com o tempo
 b) plástica – massa que não endurece, mantendo a plasticidade com o tempo.
 c) elástica – massa que se transforma, adquirindo elasticidade com o tempo.

Não se recomenda para os vidros de segurança termoabsorventes e compostos, a aplicação de massas duras.

Vidro   **131**

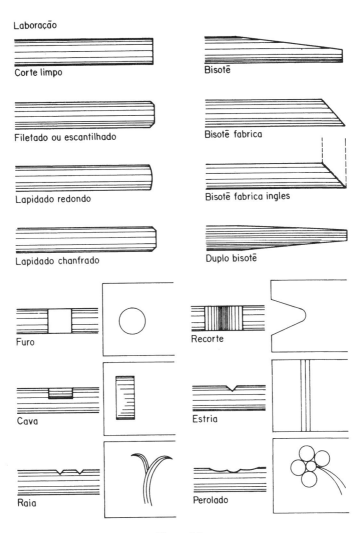

Figura 8.5

COLCHÃO

Porção da massa colocada no rebaixo, sobre o qual a chapa de vidro será assentada.

O colchão pode ser:
a) de fundo   b) anterior   c) posterior

CORDÃO

Porção da massa disposta no rebaixo após a colocação da chapa de vidro, proporcionando acabamento.

MOLDURA

Peça desmontável de madeira (baquete), plástico, metal ou outro material adequado, fixada ao fundo do rebaixo e destinada a manter a chapa de vidro em sua posição.

PAVÊ DE VIDRO

Vidro moldado de uma só peça, com forma regular, geralmente usado para iluminação zenital.

Peça de fixação – peça utilizada para montagem das chapas de vidro em colocação auto-portante.

PINÁSIO

Cada uma das peças de caixilho, verticais ou horizontais, que separam e sustentam os vidros.

REBAIXO

Lugar existente nos quadros e pinásios, no qual se fixa a chapa de vidro. O rebaixo pode ser:
a) aberto
b) fechado com ou sem moldura

Sendo que largura L = dimensão de fundo, altura H = dimensão da lateral.

VIDRAÇA

Conjunto constituído pelas chapas de vidro e elementos construtivos, sobre os quais elas foram colocadas.

Vidraça dupla – aquela constituída de duas chapas de vidro paralelos ou levemente inclinadas entre si, em cada uma de suas subdivisões.

Vidraça exterior – aquela que tem uma de suas faces em contato com o meio exterior do prédio.

Vidraça interior – aquela em que ambas as faces acham-se no interior do prédio.

Vidraça múltipla – aquela constituída de três ou mais chapas de vidro, paralelas, ou levemente inclinadas entre si, em cada uma de suas subdivisões.

Vidraça simples – aquela constituída de uma única chapa de vidro em cada uma de suas subdivisões.

VITRAL

Conjunto formado por pedaços irregulares de vidro em diversos tamanhos e cores montados e rejuntados num mesmo plano, formando peças regulares para serem aplicadas em caixilhos, com finalidade ornamental.

VITRINA

Vidraça divisória destinada à visibilidade total entre ambientes, para a exposição de mercadorias.

Podemos dividir os vidros em três grupos, a saber:

Vidros
- cristal
- liso
- impresso

CRISTAL

É o vidro transparente cujas faces são absolutamente paralelas. Antigamente eram obtidos por tratamento mecânico, atualmente por flutuação.

LISO

É o vidro transparente obtido por estiramento e polimento a fogo. Este produto pode apresentar distorção óptica.

IMPRESSO

É vidro translúcido onde uma das faces recebeu, por laminação, a impressão de um desenho.

Podemos também adotar a seguinte classificação:

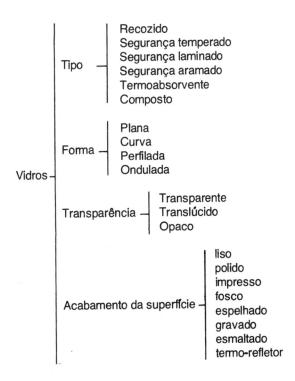

Vidros
- Tipo
  - Recozido
  - Segurança temperado
  - Segurança laminado
  - Segurança aramado
  - Termoabsorvente
  - Composto
- Forma
  - Plana
  - Curva
  - Perfilada
  - Ondulada
- Transparência
  - Transparente
  - Translúcido
  - Opaco
- Acabamento da superfície
  - liso
  - polido
  - impresso
  - fosco
  - espelhado
  - gravado
  - esmaltado
  - termo-refletor

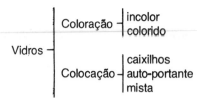

VIDRO RECOZIDO

É aquele que, após sua saída do forno e resfriamento gradual, não recebeu nenhum tratamento técnico ou químico.

VIDRO DE SEGURANÇA TEMPERADO

É aquele que se converteu em vidro de segurança após ter sido submetido a um tratamento através do qual introduziu-se tensões adequadas e que, se fraturado em qualquer ponto, desintegra-se em pequenos pedaços menos cortantes que nos vidros recozidos.

VIDRO DE SEGURANÇA

Aquele que quando fraturado produz fragmentos menos suscetíveis de causar ferimentos graves que os vidros recozidos em iguais condições, e que obedecem as exigências das Normas NB-226.

VIDRO DE SEGURANÇA LAMINADO

Aquele que é manufaturado com duas ou mais chapas de vidro firmemente unidos e alternados com uma ou mais películas de material aderente, de forma que, quando quebrado, tem tendência a manter os estilhaços presos à película aderente.

VIDRO DE SEGURANÇA ARAMADO

É aquele formado por uma única chapa de vidro que contém em seu interior fios metálicos incorporados à sua massa quando da fabricação, não necessariamente entrados, de forma que quando quebrado tem tendência a manter os estilhaços presos aos fios unitários.

VIDRO TERMOABSORVENTE

Aquele que tem a propriedade de absorver pelo menos 20% dos raios infravermelhos, com finalidade de redução do calor transmitido para o interior do ambiente.

VIDRO COMPOSTO

Unidade pré-fabricada, formada de duas ou mais chapas de vidro, selada em sua periferia, formando vazios entre as chapas paralelas, contendo em seu interior gás desidratado, tendo como finalidade a isolação térmica e eventualmente acústica.

VIDRO TRANSPARENTE

Aquele que transmite a luz e permite a visão nítida através dele.

VIDRO TRANSLÚCIDO

Aquele que transmite a luz com vários graus de difusões, de tal modo que a visão através do mesmo não é nítida.

VIDRO OPACO

Aquele que impede a passagem de luz. Não deve ser confundido com o vidro fosco, cuja denominação popular é "vidro opaco".

VIDRO LISO

Vidro transparente, que apresenta uma leve distorção das imagens refratadas, ocasionado por características de superfície, provocadas pelo processo de fabricação.

VIDRO POLIDO

É um vidro transparente, que por tratamento de superfície, permite visão sem distorção das imagens refratadas.

VIDRO IMPRESSO

Aquele obtido através da impressão de desenho em cima de uma ou ambas as superfícies durante o processo de fabricação (vidro fantasia).

VIDRO FOSCO

Aquele através de tratamento mecânico ou químico em uma ou ambas as superfícies com a finalidade de torná-lo translúcido.

VIDRO ESPELHADO

Aquele que é obtido através de tratamento químico em uma das superfícies, com a finalidade de refletir praticamente a totalidade dos raios luminosos que nela incidem, formando imagens.

VIDRO GRAVADO

É aquele obtido através de tratamento mecânico ou químico em uma ou ambas as superfícies, com a finalidade de torná-lo ornamental.

VIDRO ESMALTADO

Aquele obtido através de aplicação de esmalte vitrificável em uma ou ambas as superfícies, com a finalidade de torná-lo ornamental.
Neste caso o esmalte será incorporado à massa da chapa de vidro, por aquecimento.

VIDRO TERMO-REFLETOR

É um vidro colorido e refletor, obtido através do tratamento químico de uma das faces do vidro plano, a alta temperatura. Pelo fato de ser um vidro colorido e com alto teor de reflexão, tem a propriedade de refletir parte apreciável dos raios infravermelhos e visíveis, reduzindo assim o calor transmitido para o interior do prédio e a ofuscação.

PROJETO

O envidraçamento será executado sob a responsabilidade do autor do projeto.

Para colocação em caixilhos, o projeto deverá incluir no mínimo os seguintes elementos:

a) esforços solicitantes considerados
b) tensões admissíveis
c) tipo de caixilhos – posição
   – material
   – funcionamento
d) tipo de vidraça
e) dimensões do caixilho com subdivisões
f) posicionamento do caixilho em relação ao piso (altura do peitoril) e em relação ao solo.
g) localização do caixilho na obra, indicando detalhes da construção que possam influir no envidraçamento.
h) detalhes dos rebaixos com as respectivas folgas.
i) detalhes de colocação de massas, calços, molduras ou outros dispositivos de fixação e vedação, com especificação do material e dimensões a serem usadas.
j) detalhes construtivos que permitem a limpeza periódica e a eventual troca da chapa de vidro, com segurança de trabalho.
l) detalhes de proteção das chapas de vidro em locais em que as mesmas estariam sujeitas a impacto.

VIDRO A SER USADO

O vidro deve ser usado segundo:
– a espessura
– o tipo
– a forma
– a transparência
– acabamento das superfícies
– laboração
– coloração

A quantidade de cada chapa de vidro a ser utilizada, com as respectivas dimensões normais, será confirmada no local, após a fixação dos caixilhos.

COLOCAÇÕES AUTO-PORTANTES

Para colocações auto-portantes, o projeto deverá incluir no mínimo:

a) desenho da instalação completa por vão, contendo:
1) todas as subdivisões
   – portas de abrir, de correr, pivotantes com respectivos sentidos de aberturas.
   – bandeiras e laterais
   – fechos basculantes, pivotantes.
2) localização das peças de fixação, suas respectivas discriminações;

3) dimensões totais do vão acabado, considerando nível e prumo, bem como de todas as suas subdivisões (Fig. 8.6).

4) detalhes quanto à laboração, executando os das peças de fixação, conforme Fig. 8.6.

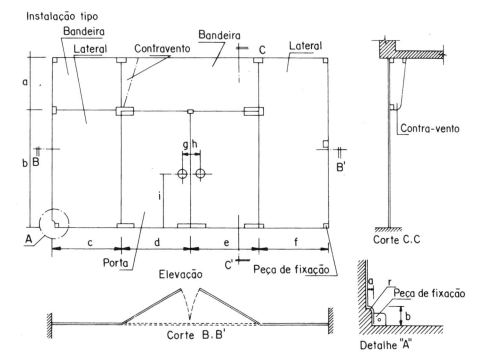

Figura 8.6

Para vidro de segurança temperado só se admite acabamentos filetados ou escantilhados, lapidados, chanfrados, lapidados redondos e bisotê fábrica.

5) detalhes sobre a aplicação de contraventos, conforme Fig. 8.7.

NECESSIDADE DE CONTRAVENTAMENTO

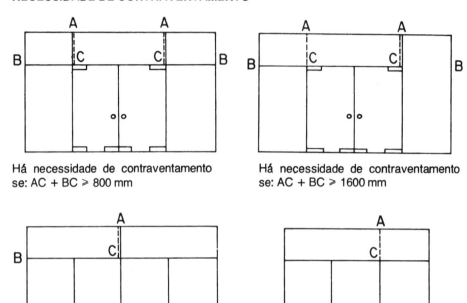

Figura 8.7

6) acabamento por material dos elementos que compõem o vão, tais como revestimento grosso, fino, pedra mármore, concreto, aparente, taco, ladrilho, forro falso.

7) elementos que compõem o vão onde poderão ser aplicadas as peças de fixação:

8) especificação quanto:
- a forma
- transparência
- colocação
- espessuras

9) localização da instalação na obra, indicando detalhes da construção que possam influir no envidraçamento.

Vidro

10) detalhes de colocação de massas, calços, molduras ou outros dispositivos complementares de fixação e vedação com especificação do material e dimensões a serem usadas.

11) detalhes construtivos que permitam a limpeza periódica e a eventual troca da chapa de vidro, com segurança de trabalho.

MANIPULAÇÃO E ARMAZENAMENTO

As chapas de vidro devem ser manipuladas de maneira que não entrem em contato com materiais duros que venham a produzir defeitos na sua superfície.

As chapas de vidro devem ser armazenadas, empilhadas, apoiadas em material que não lhes danifique os bordos, com uma inclinação em torno de 6% em relação à vertical, Fig. 8.8. O armazenamento deve ser feito em local adequado, ao abrigo de umidade e de contatos que possam danificar ou deteriorar as superfícies do vidro. As condições do local devem ser tais que evitem condensação de umidade na superfície das chapas.

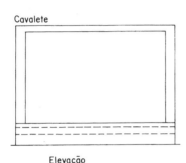
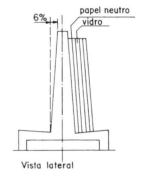
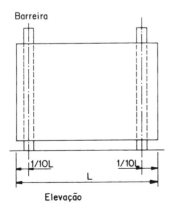
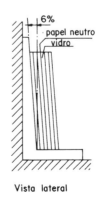

Figura 8.8

ESFORÇOS SOLICITANTES

No cálculo da espessura de uma chapa de vidro a ser usada em determinado caixilho, devemos considerar os seguintes esforços:

a) Pressão do vento $-p = 1,2q \cdot \text{sen}\,\alpha$
   onde α = ângulo de incidência do vento (cuja direção é considerada horizontal sobre a chapa de vidro)

   q = pressão de obstrução, função da altura da contrução
   abaixo de 6m = 50 kgf/m²
   de 6 a 20 m = 60 kgf/m²
   de 20 a 60 m = 85 kgf/m²
   de 60 a 100 m = 100 kgf/m²
   acima de 100 m = 130 kgf/m²

Deve-se levar em consideração o local de exposição que fica a chapa colocada; assim temos a considerar: local exposto, sem obstrução ao vento.

$$B = 21,20$$

local interior – com obstrução ao vento quase total $B = 0,60$

nos demais casos $B = 1,0$

neste caso a pressão do vento será determinada pela fórmula

$$p_V = 1,2\,B \cdot q\,\text{sen}\,\alpha$$

b) Peso próprio por unidade de área kgf/m²
   Para as chapas de vidro não verticais, ou suscetíveis de se inclinarem em relação à horizontal durante os movimentos das sub-divisões do caixilho, deve ser considerado o peso próprio da chapa por unidade de área P_p, para efeito de cálculo da espessura.

c) Pressão total ou de cálculo – o valor da pressão total, considerada atuando normalmente ao plano da chapa de vidro, será dado pela fórmula:

$P_E = 1,2\,(P_V + 2P_p \cdot \cos \emptyset)$ para vidro recozido

$P_E = 1,2\,(P_V \cdot P_p \cos \emptyset)$ para vidro temperado

P_E = pressão total ou de cálculo

P_V = pressão devida ao vento

P_p = peso próprio por unidade de área

$\emptyset$ = o menor ângulo que a chapa de vidro pode formar com a horizontal

2 = coeficiente utilizado para levar em conta que o peso próprio é uma carga permanente, uma vez que se utilizará no cálculo a tensão admissível de flexão para cargas acidentais 1,2, coeficiente de correção, para levar em conta os esforços devido à limpeza e manutenção.

A tensão de ruptura à flexão para o vidro recozido é de 350 a 450 kgf/m² e a tensão admissível é de 150 kgf/m².

Vidro

Para o vidro de segurança temperado temos para a tensão de ruptura à flexão 1.800 a 2.000 kgf/m² na tensão admissível de flexão 500 kgf/cm².

DIMENSIONAMENTO

a) Para chapas planas retangulares – para o caso mais comum de chapas planas retangulares, apoiadas nos quatro lados, obtida a pressão P_e, calcula-se a espessura pela fórmula simplificada de Herzogenrah:

$$e = \frac{a \cdot b}{\sqrt{a^2 + b^2}} \sqrt{\frac{P_e}{2\sigma}}$$

onde e = espessura da chapa de vidro, em cm

a e b = dimensões dos lados da chapa de vidro em cm

P_c = pressão de cálculo, conforme $P_a = 1{,}2 (P_v + 2 P_{cos} \emptyset)$
    Vidro recozido e $P_c = 1{,}2 (P_v \cdot P_p \cos \emptyset)$ para vidro temperado.

σ = tensão admissível:

σ = 150 kgf/cm² p/ vidro recozido

σ = 500 kgf/cm² p/ vidro temperado

O ábaco da Fig. 8.9 é a representação gráfica desta fórmula para vidros recozidos.

A espessura mínima para vidros recozidos é de 2mm e a carga total das chapas de vidro não deve ultrapassar a carga máxima dada pela fórmula empírica $F = S \cdot P_c = 6 e^2$, obtida a partir da teoria simplificada das placas e verificada experimentalmente, onde:

F = carga máxima em kgf/
S = área da placa = a . b em m²
P_c = pressão de cálculo ou total em kgf/m²
e = espessura mínima da chapa de vidro para cada espessura nominal, em mm.

Tabela 8.1

Espessura nominal (mm)	Espessura mínima (mm)	Carga F (kgf)
2	1,7	18
3	2,7	44
4	3,6	78
5	4,6	126
6	5,6	190
7	6,6	262
7/8	7,1	304
8/9	8,1	396
9/10	9,1	497
10/12	10,1	612
12/14	12,1	878
14/16	14,1	1 193

DIMENSÕES MÁXIMAS DA CHAPA DE VIDRO RECOZIDO

Recomenda-se que as chapas de vidro recozido, em função das condições de segurança no manuseio e transporte, obedeçam as dimensões máximas de utilização indicadas na Tab. 8.2.

Tabela 8.2

Espessura nominal (mm)	Largura máxima (*) (m)	Comprimento máximo (**) (m)
2	0,30	0,80
3	0,60	1,80
4	1,00	1,80
5	1,40	2,30
6	1,80	2,80
7	2,20	3,00

Dimensionamento da espessura de uma chapa de vidro em função da pressão de cálculo (Fig. 8.9).

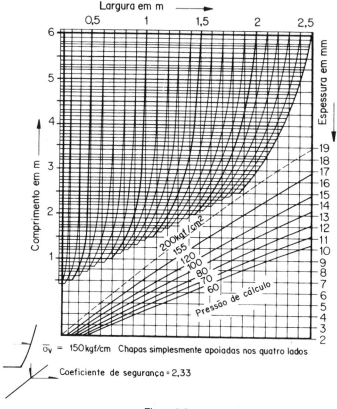

Figura 8.9

Acima de 7 mm a fixação das dimensões máximas fica sujeita a estudos especiais.

Espessuras mínimas para vidros de segurança temperados – Empregar-se-á, no envidraçamento, a espessura mínima nominal de 4mm para os vidros de segurança temperados.

As dimensões máximas da chapa de vidro de segurança temperado: em função das condições de segurança no manuseio, transporte e fabricação, obedeçam a Tab. 8.3.

Vidro

Tabela 8.3 – Dimensões máximas em mm

ESPESSURAS		COLOCAÇÃO EM CAIXILHOS				COLOCAÇÃO AUTO-PORTANTE				VIDRO ESMALTADO – VP,VL-VI				Relação mínima Larg./Comp.
		Comprimento (*)		Largura (**)		Comprimento (*)		Largura (**)		Col. em caixilho		Col. auto-port.		
VP-VL	VI	VP-VL	VI	VP-VL	VI	VP-VL	VI	VP-VL	VI	Comp. (*)	Larg. (**)	Comp. (*)	Larg. (**)	(Vide Figura anexa)
4	–	900	–	500	–	–	–	–	–	–	–	–	–	1/3
5	–	1 300	–	850	–	–	–	–	–	1 000	600	–	–	1/4
6	–	1 500	–	950	–	–	–	–	–	1 300	800	–	–	1/5
7	7	2 100	2 100	1 200	1 150	–	–	–	–	1 800	1 000	–	–	1/6
8/9	8	2 500	2 500	1 500	1 150	¹2 200	¹2 200	¹1 300	¹1 150	2 000	³1 500	1 900	³1 200	1/8
9/10	10	2 950	2 950	2 100	1 150	²2 950	²2 950	²2 100	²1 150	2 500	³2 000	2 200	³1 500	1/10
10/12	–	2 950	–	2 100	–	²2 950	–	²2 100	–	2 500	³2 000	2 200	³1 500	1/10
12/14	–	2 950	–	2 100	–	²2 950	–	²2 100	–	–	–	–	–	1/10

(*) comprimento: maior dimensão da chapa.
(**) largura: menor dimensão da chapa.

NOTA:
a) 1. Somente para colocações auto-portantes, sem folhas móveis e sem peças de fixação, exceto perfis. No caso de utilização de peças de fixação, a dimensão máxima será de 1 900mm X 650mm.
2. As portas não devem ultrapassar 1 000mm x 2 200mm.
3. Vidro esmaltado impresso – largura máxima 1 150mm.
b) As notas 1 e 2 valem também para os vidros esmaltados.
c) VP – Vidro polido
VL – Vidro liso
VI – Vidro impresso
d) As dimensões máximas dependem mais das instalações de produção existentes, do que das condições de trabalho e manuseio.

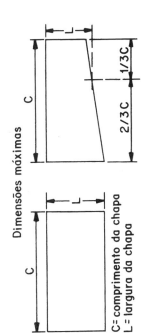

Dimensões máximas

C = comprimento da chapa
L = largura da chapa

DISPOSIÇÕES CONSTRUTIVAS

O caixilho que vai receber o vidro deve ser suficientemente rígido, para não se deformar. Quando houver previsões de deformações estruturais na obra, deve-se tornar o caixilho independente das estruturas.

Se o caixilho e as molduras forem metálicas, devem ser inoxidáveis ou protegidos contra oxidação, através de pinturas ou tratamentos adequados, compatíveis com os materiais de calafetagem para cada caso.

Os caixilhos de madeira e de concreto devem receber pelo menos uma camada de pintura de fundo em todo o rebaixo. Em qualquer caso, as camadas de pintura deverão estar adequadamente secas, antes da colocação da chapa de vidro.

Os rebaixos devem estar isentos de umidade, gordura, oxidação, poeira ou outras impurezas.

DIMENSÕES DOS REBAIXOS (Fig. 8.3)

Rebaixo aberto

    a) altura mínima do rebaixo pavimento térreo H = 10 mm
       demais pavimentos H = 16 mm
    b) largura mínima do rebaixo L = 16 mm

Rebaixo fechado

    a) altura mínima do rebaixo, função do semi-perímetro p da chapa de vidro

        p   2,50 m: H = 12 mm
        2,40p   5,00: H = 16 mm
        5,00p   7,00: H = 22 mm
        p   7,00: H = 27 mm

    b) largura mínima de rebaixo

$$L = e + M + F_{la} + F_{lp}$$

onde   L = largura do rebaixo
          e = espessura da chapa de vidro
          M = largura da moldura
          F_{la} = folga lateral anterior
          F_{lp} = folga lateral posterior

ENVIDRAÇAMENTO

As chapas de vidro devem ser colocadas de tal modo que não sofram tensões suscetíveis de quebrá-las, qualquer que seja a origem das mesmas (dilatação, contração ou flambagem da chapa de vidro; dilatação, contração ou deformação do caixilho; deformação ou assentamento na obra), salvo casos de choques acidentais ou movimentos imprevisíveis na obra. Não é permitido o contato das chapas de vidro entre si, com alvenaria ou peças metálicas, com exceções de casos em que essas peças foram especialmente estudadas para tal fim. As chapas de vidro devem ser colocadas de tal maneira a não serem deslocadas de sua posição sob a ação dos esforços solicitantes que sobre elas atuam.

Quando houver chapas de vidro com bordos livres acessíveis (somente permitidos em aplicações de vidraças interiores) estes devem ter suas arestas lapidadas. Os bor-

Vidro

dos das chapas de vidro, em qualquer caso, não devem apresentar defeitos que venham prejudicar a utilização ou a resistência do vidro após a colocação.

As chapas de vidro recozido devem ter todo seu perímetro fixado em rebaixos, quando colocadas sobre passagens e, quando aplicadas em caixilhos e contato com o meio exterior, devem ser colocadas de maneira que apresente estanqueidade á água e ao vento; para tanto os materiais utilizados no envidraçamento devem ser compatíveis entre si, com as chapas de vidro e com os materiais dos caixilhos.

Os contatos bimetálicos, em geral, ocasionam a corrosão de um dos metais, devendo ser portanto evitados. A colocação da chapa de vidro com massa deve ser feita com duas demãos, quer em rebaixo aberto, quer em rebaixo fechado, com exceção do caso que se coloca uma única demão de massa (que deve ficar do lado exterior da obra), para chapas de vidro de 2 a 3 mm colocadas em caixilhos de madeira. A chapa de vidro ao ser colocada com duas demãos de massa, deve ser forçada de encontro à primeira demão (colchão posterior e de fundo), de maneira a manter uma camada uniforme de massa de espessura não inferior a 3 mm. A massa deve ser aplicada de maneira a não formar vazios e sua superfície aparente deve ser lisa e regular.

Após a colocação da chapa de vidro, as massas ou gaxetas devem ser protegidas contra as intempéries (através de pintura, obturadores, etc), salvo nos casos em que sua composição química dispense tal proteção.

As massas e gaxetas, em geral, devem adaptar-se às dilatações, deformações e vibrações cômodas por variações de temperatura ou ações mecânicas; não devem escoar, nem assentar, nem fissurar, mantendo boa aderência ao vidro e caixilho. Antes de sua colocação, deve-se verificar se os rebaixos estão convenientemente preparados. O envidraçamento de balaustradas, caixas de escadas, parapeitos ou sacadas deve ser executado com vidros de segurança laminados ou aramados, salvo se for prevista proteção adequada. Acima do pavimento térreo, as chapas de vidro quando dão para o exterior e não tem proteção adequada, só podem ser colocadas a 0,90 m acima do respectivo piso; abaixo dessa cota, quando sem proteção adequada, o vidro deve ser de segurança laminado ou aramado. Internamente os vidros recozidos só podem ser colocados a partir de 0,10 m acima do piso. No pavimento térreo os vidros recozidos só podem ser colocados a partir de 0,10 m. Acima do piso e quando se tratar de vitrinas, deve-se ainda prever proteção adequada de resguardo aos transeuntes, ou empregar vidros de segurança. Após o envidraçamento deve-se evitar a aplicação na chapa de vidro, para assinalar a sua presença ou medida para pagamento de pinturas com materiais higroscópicos, como por exemplo a cal, alvaiade (que passa com ataques à superfície) ou a marcação com outros processos que redundem em danos à superfície da chapa. Em vidraças duplas ou múltiplas as superfícies das chapas de vidro que limitam as câmaras de ar devem ser perfeitamente limpas antes do envidraçamento.

Envidraçamento com massa com rebaixo aberto só é admitido para vidros até 3 mm, inclusive nos caixilhos de madeira deve-se utilizar dispositivos de fixação para melhorar a sustentação das chapas de vidro, tais como pregos sem cabeça (arestas), cavilhas, separadas entre si de 20 a 40 cm.

A menor dimensão do cordão anterior no rebaixo aberto é de 10 mm.

Rebaixo fechado – nas vidraças interiores, quando o caixilho for de madeira, a fixação das chapas de vidro pode ser feita com moldura de madeira, sem massa; quando o caixilho for metálico, a fixação das chapas deve ser feita com duas demãos de massa. Em vidraças exteriores, quando o caixilho for de madeira, é recomendável colocar-se a moldura do lado externo pelo menos com colchão de fundo e anterior; quando metálico a fixação das chapas deve ser feita com duas demãos de massa. Quando a moldura foi fixada por pregos, deve-se aplicar previamente um colchão junto a capa de vidro e em seguida pressionar a moldura normalmente à chapa fazendo fluir a massa ao longo da mesma, de maneira a se obter uma folga anterior uniforme. Em outros casos, fixa-se a moldura e aplica-se a massa posteriormente, de maneira a preencher a folga lateral anterior.

Nos envidraçamentos com gaxeta, as mesmas são aplicadas sob pressão em rebaixos fechados. Deve-se tomar cuidados especiais para emendas e ângulos, visando a perfeita estanqueidade. As gaxetas poderão ser colocadas conjuntamente com outros materiais calafetantes, desde que compatíveis entre si.

As folgas de bordo e laterais aconselháveis são:

a) para e $\leqslant$ 3mm: $F_e = F_b = $ 3mm

b) para e $\geqslant$ 4mm: $F_e = F_b = $ 5mm (vide Fig. 8.3)

Calços de bordo são obrigatórios nos rebaixos metálicos ou alvenaria para chapar acima de 0,50m^2 e nos rebaixos de madeira quando as dimensões horizontais das chapas forem maiores que 1m, ou o peso da chapa for de tal ordem que provoque tensões exageradas nos materiais em contato.

Os calços de bordo de apoio serão em número de 2 para cada chapa (ver Fig. 8.10).

As dimensões dos calços de bordo da chapa são:

a) espessura, igual a folga de bordo

b) largura, igual a espessura do vidro mais uma folga lateral, isto é: e + F (ver Fig. 8.3).

c) comprimento de acordo com o material do calço de maneira a evitar seu esmagamento ou deformações excessivas que provoquem o contato da chapa com o rebaixo; para e = 4mm, deverá ser $\geqslant$ 50mm.

Os calços de bordo serão posicionados entre 1/10 e 1/15 da dimensão do respectivo lado da chapa a partir do vértice; nos caixilhos pivotantes os calços de bordo de apoio serão colocados junto ao eixo de rotação, e nos basculantes de eixo fixo, os calços de bordo complementares serão colocados junto ao eixo de rotação (ver Fig. 8.10).

Os calços de bordo complementares serão obrigatórios quando houver riscos de desligamento da chapa. Os calços de bordo serão dispostos para vários tipos de caixilhos, como representado esquematicamente na Fig. 8.10.

Os calços laterais serão obrigatórios quando o material utilizado na calafetagem não se tornar suficientemente rígido para equilibrar as pressões transmitidas pela chapa de vidro normalmente a seu plano; estes calços serão dispostos aos pares de um lado e de outro da chapa (ver Fig. 8.3).

As dimensões dos calços laterais serão determinados em função das folgas laterais, esforços solicitantes normais ao plano da chapa e tensões admissíveis de esmagamento aos materiais em contato.

O envidraçamento com gaxetas, conforme o perfil, pode dispensar a utilização de calços.

RECOMENDAÇÕES

Em caixilhos basculantes em aplicações exteriores, recomenda-se a utilização de vidro de segurança, assim como em caixilhos basculantes em aplicações exteriores em edifícios de mais de 2 pavimentos; com projeção superior de 0,25m em relação à face da fachada ou aba de proteção, deve ser utilizado unicamente vidro de segurança.

Vidro **147**

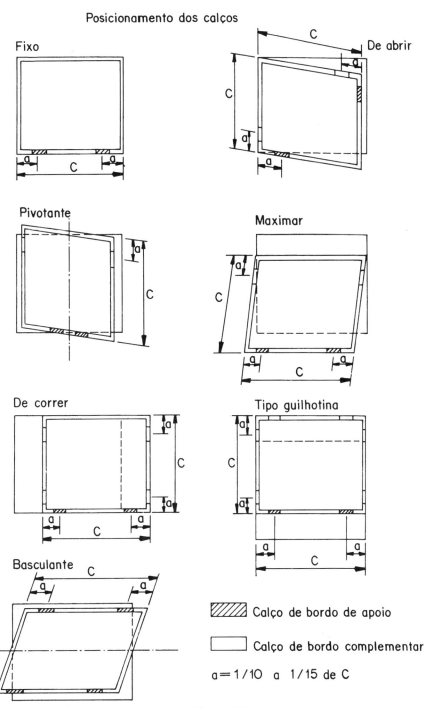

Figura 8.10

Vidro de segurança temperado – não pode sofrer recortes, perfurações ou lapidações, salvo polimento leve até cerca de 0,3mm de profundidade. Nessa colocação auto-portante, através de peças de fixação metálicas, deve-se interpor entre as ditas peças e a chapa de vidro materiais imputreciveis, não higroscópicos e que não escoem com o tempo sob pressão (fitas plásticas, adesivas, cartões tratados, etc.). Para colocação auto-portante, recomenda-se as seguintes distâncias entre os bordos das chapas de vidro:
    a) entre portas, 2mm
    b) entre portas, fixo, 3mm
    c) entre porta e bandeira, 3mm
    d) entre porta e piso, 7mm
    e) entre chapas fixas, 1,5mm

Quanto aos vidros de segurança laminados, as massas e gaxetas, bem como os calços, devem ser neutros em relação ao plástico do vidro laminado.

Os materiais de vedação devem, além do mais, conservar a plasticidade e aderência através do tempo.

Vidro termoabsorvente – no projeto aplicação dos vidros termoabsorventes, deve-se observar rigorosamente as condições e precauções, tanto de corte como envidraçamento.
    a) evitar diferenças grandes de temperatura entre as partes de uma mesma face da chapa.
    b) ter seus bordos tratados com acabamento "corte limpo".
    c) Em aplicações em caixilhos de alta condutibilidade térmica (exemplo: concreto, alumínio maciço, etc.), recomenda-se temperar o vidro.
    d) Aplicar massa elástica ou plástica com baixo coeficiente de condutibilidade térmica, sendo ideal o uso de gaxetas de neoprene.

Vidros compostos – os vidros compostos não podem sofrer modificações em sua constituição ao serem colocados; colocação essa que deverá ser feita em caixilhos, respeitando uma altura mínima de rebaixo de 20mm.

As massas, gaxetas e calços devem ser compatíveis com os materiais que constituem os vidros compostos.

Vidraça múltipla – ao se executar uma vidraça múltipla, deve-se tomar precauções no sentido de evitar condensações nas faces internas das chapas de vidro. Os vidros quando transparentes, não devem apresentar distorções excessivas, pois, em conjunto, perturbariam a visão nítida dos objetos.

Capítulo 9
PINTURA

A pintura, além do seu valor estético, tem a finalidade de combater a deterioração dos materiais, formando superficialmente uma película resistente à ação dos agentes de destruição ou de corrosão. Essas películas podem ser obtidas pela aplicação de tintas, vernizes. Sua função abrange, em diversos casos, importância na manutenção da higiene, devido à possibilidade de limpeza, lavagem e desinfecção, dependendo do grau de lavabilidade conseguida.

Outra influência sensível é o da cor sobre o ambiente em que é usada e sobre as pessoas que nesse ambiente permanecem. É o exemplo das cores claras, que possuem maior poder de refletir a luz ou do verde e azul que acalmam, ou do vermelho e alaranjado que estimulam. Grande avanço tem atingido a tecnologia de tintas, pondo à disposição materiais de recobrimento sofisticados, além de introduzir melhorias acentuadas nos produtos tradicionais.

CLASSIFICAÇÃO

A pintura pode ser agrupada nas seguintes classes:

a) Pintura arquitetônica
b) Pintura de manutenção
c) Pintura de comunicação visual

PINTURA ARQUITETÔNICA

As pinturas arquitetônicas são aquelas cujo propósito primário é decorativo, apesar de que as funções protetoras não serem desprezadas. Elas incluem o conjunto de tintas e vernizes para aplicação interna ou externa, em madeira ou alvenaria e argamassa.

PINTURA DE MANUTENÇÃO

As pinturas de manutenção, são aquelas aplicadas primeiramente para proteção e incluem um conjunto de recobrimentos aplicados ao ferro, aço e concreto.

PINTURA DE COMUNICAÇÃO

As pinturas de comunicação visual, são aquelas cujo propósito primário é a prevenção de acidentes, identificação de equipamentos de segurança, delimitação de áreas e advertindo contra perigo, classificando categorias de operários, etc.

Atualmente, os produtos do comércio diferem tanto entre si, que escapam às limitações de qualquer classificação, quer baseada na origem do pigmento, quer pelo veículo usado, ou pela finalidade. Entretanto, uma classificação simplificada pode ser efetuada, dividindo-se as tintas em duas doses iguais, de acordo com a natureza da fase líquida que entra na sua composição:

a) miscíveis em água
b) não miscíveis em água

Dentro dessas classes, elas podem ser subdivididas de acordo com a natureza do veículo adesivo.

TINTAS MISCÍVEIS EM ÁGUA

a) à base de cal
b) à base de cimento
c) caseínas e outras colas animais
d) emulsões betuminosas
e) emulsões óleo-resinosas
f) emulsões de polímeros-látex

TINTAS MISCÍVEIS EM SOLVENTES

a) óleo
b) óleo resinoso
c) alquídica
d) laca
e) betuminosa
f) resina em solução

CONSTITUINTES DAS TINTAS

São misturas de partículas (pigmentos) com veículos fluidos.

A principal função das partículas (pigmentos) é a de cobrir e decorar a superfície, e a do veículo a de aglutinar as partículas e formar a película de proteção. O ponto de partida para a fabricação de uma tinta é o seu veículo, e o grande progresso que temos visto na tecnologia das tintas deve-se a alterações efetuadas nele. Os componentes de uma tinta são apresentados na Tab. 1.

CONSTITUINTES DOS VERNIZES E ESMALTES

Os vernizes são soluções de gomas ou resinas naturais (breu) ou sintéticos, em um veículo (solvente volátil ou óleo secativo), que são convertidos em uma película útil, transparente ou translúcida, após a aplicação de camadas finas. Secantes e diluentes são adicionados pelas mesmas razões que foram incorporados às tintas. Os esmaltes são obtidos adicionando-se pigmentos aos vernizes, resultando daí uma verdadeira tinta, caracterizada pela capacidade de formar um filme excepcionalmente liso, brilhante e resistente. Tem um considerável poder de cobertura e retenção da cor e alguns esmaltes secam dando um acabamento fosco aveludado, em vez de um acabamento brilhante. Os componentes genéricos de um verniz ou esmalte são apresentados na Tab. 2.

CONSTITUINTES DAS LACAS

O termo laca referia-se, originalmente, a certos produtos naturais usados pelos orientais, e a alguns vernizes compostos de soluções de materiais resinosos naturais,

Tabela 9.1. – Constituintes das tintas

CLASSE	INGREDIENTE	FUNÇÃO
Materiais formadores do filme	Óleos secativos, resinas, materiais cripto-cristalinos	Aglutinar as partículas dos filme protetivo, por meio de oxidação ou polimerização.
Pigmentos	Materiais insolúveis, tendo poder corante e de cobertura (opacidade)	Proteger o filme pela reflexão dos raios solares, reforçá-lo e proporcionar bom aspecto
Pigmentos modificadores ou cargas	Materiais insolúveis, tendo baixo poder corante e de cobertura, geralmente em tonalidades claras	Reduzir o custo da pigmentação e, em muitos casos, aumentar o poder de cobertura e resistência ao tempo dos pigmentos, pela suplementação dos vazios entre as partículas de pigmentos
Solventes	Os solventes propriamente ditos, e, muitas vezes, os próprios materiais formadores do filme	Manter em suspensão os pigmentos e dissolver os materiais formadores do filme, permitindo que as tintas possam ser aplicadas
Secantes	Óxidos, resinatos, linoleatos ou acetatos de chumbo, manganês ou cobalto	Servir de catalisador, acelerar a secagem ou endurecimento do filme, geralmente pela absorção de oxigênio.
Diluentes ou redutores de viscosidade	Podem ser não solventes compatíveis com os solventes de óleos e resinas	"Afinar" tintas concentradas, para melhor manuseio durante a aplicação
Agente anti-coagulante	Resinas e derivados de aguarrás	Prevenir polimerização prematura na embalagem.

Tabela 9.2 – Constituintes dos vernizes e esmaltes

CLASSE	INGREDIENTE	FUNÇÃO
Materiais formadores do filme	Resinas naturais e sintéticas, betumes, óleos secativos	Formar o filme protetivo por meio da evaporação do solvente ou "secagem" de eventual resina empregada
Solventes	Solventes voláteis e óleos secativos	Dissolver os materiais formadores do filme
Secantes	Resinatos, linoleatos ou oleatos de chumbo, manganês e cobalto	Servir de catalisador para acelerar a secagem ou endurecimento de eventual resina empregada
Diluentes ou redutores de viscosidade	Não solventes compatíveis com os solventes de óleos e resinas	Auxiliar a aplicação pela redução da viscosidade e proporcionar uma película mais fina.
Pigmentos (só para o caso de esmaltes)	Materiais insolúveis finamente divididos, com poder corante e de cobertura	Conferir cor ao filme e melhorar a resistência aos raios solares

ainda hoje denominados laca (por alguns) em solventes voláteis. O termo passa a ter outro significado com o desenvolvimento de compostos de nitrocelulose obtidos do algodão, tornando este termo altamente restrito. O fato mais característico desse novo verniz é seu odor. A nitrocelulose, disponível até há poucas décadas, tinha uma viscosidade muito alta, assim somente soluções diluídas por solventes muito fortes possibilitavam, pela sua evaporação, filmes mais finos.

Novos processos foram desenvolvidos para a preparação de nitrocelulose de baixa viscosidade, ao mesmo tempo que novos solventes especializados foram obtidos, numa época em que a indústria automobilística entrava em grande expansão.

A laca passou a significar um material de recobrimento contendo essencialmente solução de ésteres e éteres de celulose, além de outras resinas para contribuir com a dureza, plastificantes para impedir que o filme torne-se quebradiço, conferindo-lhe uma relativa flexibilidade. A composição básica das lacas é apresentada na Tab. 3.

Tabela 9.3 – Constituintes das lacas

CLASSE	INGREDIENTE	FUNÇÃO
Materiais formadores do filme	Ésteres e éteres de celulose	Formar o filme protetivo por meio da evaporação do solvente, proporcionando dureza e brilho.
	Resinas naturais ou sintéticas	Para ajudar a manutenção do brilho, adesão e resistência à água.
Pigmentos (omitidos em lacas transparentes)	Materiais insolúveis, tendo poder corante e de cobertura	Proporcionar cores agradáveis e melhorar a resistência aos raios solares
Solventes	Ésteres, cetonas, éteres, álcoois e álcoois-éteres	Dissolver as substâncias formadoras do filme e manter em suspensão os pigmentos
Diluentes ou redutores de viscosidade	Solventes de petróleo e do alcatrão da hulha	Diminuir a viscosidade e o custo, possibilitando aplicações em camadas finas e homogêneas
Plastificantes	Solventes de alto ponto de ebulição e baixa pressão de vapor, óleos e poliésteres de determinadas massas moleculares	Impedir que o filme torne-se quebradiço, aumentar o brilho e melhorar a aderência
Estabilizadores	Uréia, betanaftilamina	Impedir a decomposição da nitrocelulose pela absorção de produtos ácidos

Exemplo dos diversos constituintes citados nas tabelas anteriores são discriminados na Tab. 4.

TINTAS MISCÍVEIS EM ÁGUA – BASE DE CAL

A pintura a cal ou simplesmente caiação é uma técnica das mais antigas e tradicionais. É empregada e recomendada a sua aplicação em superfícies de alvenaria e argamassa. É uma pintura econômica e simples. A tinta é preparada com uma solução de cal extinta $Ca^{(OH)_2}$ de fina textura, obtida da extinção da cal virgem, em dispersão aquosa. Hoje já existe cal extinta em pó, própria para pintura. Tanto a cal em pasta, obtida da extensão de cal virgem, como a cal extinta em pó devem ser peneiradas em peneira fina, malhas de cerca de 1 mm.

Na dispersão aquosa podem ser adicionados corantes minerais e deve ser incorporado cerca de 1,5% em volume de óleo de linhaça, que tem a função de melhorar a aderência e melhor espalhar a tinta na superfície. A sua aplicação se faz por inter-

Tabela 9.4 – Exemplos dos diversos constituintes

CONSTITUINTE	EXEMPLOS
Óleos secativos	Óleo de linhaça (cru, refinado e reconstituído), de tungue, de perila, de peixe refinado, de soja, desidratado de mamona e óleos similares
Pigmentos brancos	Alvaiade de chumbo, litopônio, dióxido de titânio, sulfato básico de chumbo
Pigmentos pretos	Negro de fumo, grafite
Pigmentos azuis	Ultramar, azul de cobalto, cobre ftalociânico, azul de ferro
Pigmentos vermelhos	Zarcão, óxido de ferro, corantes orgânicos, carmesim
Pigmentos amarelos	Litargírio, cromato de chumbo, precipitados orgânicos
Pigmentos verdes	Óxido de cromo, cromo verde
Pigmentos marrons	Terra de siena queimado, âmbar queimado, marrom Van Dick
Pigmentos metálicos	Pó de alumínio, pó de zinco
Enchimentos ou cargas	Caulim, talco, asbestos (fibras curtas), sílica, giz cré, gesso, carbonato de cálcio precipitado, pó de mármore
Veículos-solventes	Óleos, vernizes, betumes e materiais não polimerizados, com seus materiais solventes
Resinas	Breu, goma ou látex de ésteres, resinatos de zinco, goma dammar, copal, kauri, fenol formaldeído, uréia-formaldeído, ésteres vinílicos, compostos de epóxi, etc.
Solventes	Acetato de etila, metil-etilcetona, álcool etílico, acetato de butila, acetato de amila, ciclohexanona, butanol, álcoois amílicos, etc.

médio de broxa, que deverá ser preparada, isto é, quando nova, sem uso, os pêlos são muito compridos, o que acarreta um consumo muito grande de tinta, assim como solta pêlos, que ficam aderentes a superfície pintada; para tanto envolvemos a metade do comprimento com barbante ou pano para que somente a ponta dos pêlos passe na superfície pintada, pois assim, ficam menos flexíveis e a broxa dura mais tempo, pois conforme vão desgastando os pêlos vai-se abaixando o invólucro feito de barbante ou pano.

As demãos são dadas quando forem necessárias, para que não apareça mancha e fundo; geralmente 3 (três) demãos são suficientes quando é obedecida a seguinte seqüência: primeira demão com tinta bem fluida no sentido horizontal – após seca a 1ª passa-se a 2ª demão com tinta mais encorpada, isto é, menos fluida, no sentido vertical; seca esta demão aplica-se a 3ª demão com tinta menos fluida que a 2ª, no sentido horizontal. Se for necessário mais algumas demãos é ir alternando o sentido de aplicação e utilizar a tinta no fluido da 3ª demão. Não se deve adicionar sal, cinza, ou cola para dar maior fixação da película a superfície.

O adicionamento de sal e cinza dão manchas no período da chuva, pois ambos absorvem a umidade. A cola de marceneiro com o calor e tempo faz com que se desloque a película da superfície.

Sempre que for feito uma pintura, deve-se remover a anterior através de uma escovada com escova de aço e espátula. A tinta a cal tem a ação rejuvenecida pela própria composição (cal), sendo exigida que, após um período de utilização, seja a mesma pintada para posterior ocupação.

TÊMPERA

É a pintura a cal mais rica, apresentando um acabamento texturado. Acrescentando a solução de cal mais:

a) a alvenaria, que funciona como carga, ou seja, enchimento, engrossando a massa.
b) corantes – anilinas
c) gesso – que funciona como cola para melhor fixação
d) sabão de pintor derretido, que poderá ser aplicado na superfície antes da pintura e funciona como impermeabilizante, dando maior plasticidade a superfície ou incorporando na própria mistura, que não é muito aconselhável, pois antes da aplicação pode solidificar-se endurecendo a massa. Para que isso não aconteça, é necessário que a mistura permaneça constantemente em fogo brando.

Aplicada a massa na superfície através da broxa, batemos com uma escova de pêlos longos, a fim de dar à película a forma texturada (como um chapisco).

BASE DE CIMENTO

Estas tintas são constituídas basicamente de cimento portland, a qual corantes podem ser adicionados. Devido à grande quantidade de cimento e a necessidade dos pigmentos resistirem a álcalis, a variedade de cores disponíveis é limitada, geralmente sendo utilizada a cor branca.

As tintas à base de cimento secam dando um acabamento fosco e, devido à maneira do cimento curar, essas tintas requerem água, portanto, antes da sua aplicação é necessário molhar abundantemente a superfície que irá receber esta pintura. A sua aplicação se faz com broxa, da mesma maneira que pintura a cal. É uma pintura de grande mobilidade e resistência.

TINTAS DE CASEÍNA

Estas tintas usam caseína (proteína do leite) ou excepcionalmente outra proteína animal como adesivo. Elas são vendidas em forma de pós secos ou pastas grossas, para serem dissolvidas em água. Como as tintas a cal, elas secam dando acabamento de pouco brilho e são disponíveis em cores vivas. Sua lavabilidade é pouca, mas é superior a da caiação e sua durabilidade em exteriores é relativamente baixa. Seu emprego quase não existe mais.

EMULSÕES BETUMINOSAS

Emulsões são sistemas de dois líquidos miscíveis, um dos quais está disperso no outro na forma de pequenas gotas. A fim de preparar emulsões coloridas estáveis, é necessário adicionar uma pequena quantidade de um agente emulsionante entre os dois líquidos; ao provocar a dispersão de um líquido em outros, miscível como o primeiro, aumenta-se consideravelmente a área entre a fase dispersa e descontínua e a fase dispersante e contínua. Aparecem assim, fenômenos de superfície (adsorção, cargas elétricas) que são úteis à estabilidade e aplicabilidade da tinta, bem como à versatilidade nas suas composições.

É evidente que a energia requerida para esse movimento de área será maior se a tensão superficial for dissimilada com a adição dos agentes emulsionantes. Através deles é possível obter-se emulsões que têm 100 partes de óleo espalhados como gotas em somente 1 parte de água. Entre os agentes emulsionantes estão incluídos os sabões, a gelatina, a albumina, a goma arábica e outros colóides liófilos que têm a forma de películas protetoras em torno das pequenas gotas.

As emulsões betuminosas podem ser oriundas do asfalto do petróleo ou do alcatrão de hulha. A emulsão é usualmente estabilizada com um colóide/mineral, como a betonita, que permite a aplicação de recobrimento de pequena espessura e previne alquebramentos à temperaturas maiores. Estes materiais de recobrimento dão um acabamento quase sempre preto e são usados para proteção de superfícies onde a aparência é secundária.

EMULSÕES DE POLÍMEROS (LÁTEX)

Uma das maiores conquistas obtidas pelos técnicos no campo de tintas foi a de conseguir uma emulsão de óleo e resinas sintéticas, pigmentos e demais componentes com água. Abriu-se daí imenso campo para as pinturas com grandes variedades de tons, com possibilidades de serem lavadas, ou seja, pequenas manchas podem ser tiradas com água e sabão. Se um monômero adequado é polimerisado em emulsão, o produto imediato é látex, bastante similar ao látex da borracha natural. Quando a película de tinta plástica emulsionada é aplicada, a água evapora e as partículas aglutinam-se para formar a película útil.

As tintas à base de PVA, acetato de polivinila, usadas em pinturas de alvenaria interiores e exteriores, foram as que tiveram maior aceitação e passaram a dominar o mercado de tintas emulsionadas. A aplicação poderá ser feita com trincha ou rolo, sendo este último mais aconselhável pela rapidez e economia na aplicação. Não esquecer que nas demãos aplicadas, sempre mudar o sentido, isto é, uma horizontal, a seguinte vertical, assim sucessivamente. Tem ainda essa tinta como vantagens a secagem rápida, a propriedade de aderir em superfícies levemente úmidas, segurança relativa ao fogo, aroma neutro e fácil e econômica limpeza dos utensílios.

A superfície a ser pintada deverá estar perfeitamente limpa, isenta de pó, graxas, mofo, etc. As frestas e rachaduras nas paredes deverão ser reparadas com reboco fino, gesso estuque ou massa corrida, a base de água. O intervalo entre as demãos deverá ser no mínimo de 2 horas. Não se recomenda pintar sobre superfícies anteriormente com cal ou têmpera. Apresentamos uma formulação baseada em acetato de polivinila, ressalvando que não é necessário incluir todos os tipos de componentes descritos, sendo importante utilizar a mínima quantidade para atender à finalidade específica de cada um (Tab. 5).

A tinta látex requer uma diluição entre 10% a 30% de água, a critério do pintor, dependendo do tipo de superfície. Antes e durante a aplicação, deve mexer-se a tinta para manter sua homogeneidade. As cores podem ser obtidas em grande variedades, mediante o tingimento com corantes apropriados de PVA. Sendo que os corantes são vendidos sob forma muito concentrada. Prepara-se uma mistura concentrada de corante e látex, para servir de matriz da tonalidade a ser utilizada, mediante a diluição desta mistura com mais látex e água.

Constando-se, nas superfícies que serão pintadas, a existência de alguma alcalinidade, a mesma deve ser neutralizada com uma solução de 1 a 1,5 kg de sulfato de zinco em cada 4 litros de água, aplicada abundantemente com broxa sobre a superfície, deixando-a agir por 1 hora no mínimo. Lavar em seguida com água limpa, aguardando-se sua completa secagem antes de iniciar a pintura. Pode-se também usar uma solução de 10% de ácido muriático em água, deixando agir por uma hora e em seguida lavar com água limpa e aguardar a secagem completa antes de iniciar a pintura.

Tabela 9.5 – Formulação de uma tinta látex (à base de PVA)

COMPONENTE	EXEMPLOS	PARTES	FUNÇÃO
Látex	Acetato de polivinila	30	Forma o filme protetivo pela evaporação de água, com a conseqüente coalescência das partículas
Plastificante	Di-n-butilftalatos, tri-n-butilftalatos	3	Modifica a dureza e a flexibilidade da resina e pode também ajudar as partículas da resina a coalescerem
Pigmentos	Rutílio, litopônio	25	Fornecem cor e poder de cobertura. Devem ser cuidadosamente escolhidos por ocasionarem o mínimo efeito de coagulação da emulsão
Carga	Talco, sulfato de bário precipitado	5	Preencher os vazios no sistema película-pigmento, melhora a distribuição dos pigmentos e pode prevenir a sedimentação dos pigmentos ou melhorar a resistência à água da película.
Agente emulsionante	Sabões	2	Melhora a estabilidade da emulsão, podendo ajudar na dispersão dos pigmentos, melhorando assim o poder de cobertura final, quer pela distribuição mais homogênea da carga e do pigmento em toda extensão da superfície, quer impedindo a floculação que provoca concentração desigual das partículas em pequenos cachos
Colóides protetores	Agentes tensoativos não iônicos, carboximetil-celulose, alginatos	1	Agir de maneira a melhorar a estabilidade da emulsão
Fungicida	Fenóis substituídos, compostos de mercúrio	0,1	Os colóides protetores podem ser atacados por fungos, o que torna necessária a adição de um fungicida. Existem casos de "explosão" de latas, devido à formação de gases que desenvolvem nesse ataque
Agentes seqüestrantes	Pirofosfato de sódio	– 0,1 – 0,2	Reduzir o efeito de coagulação dos íons produzidos pelos pigmentos. São compostos orgânicos ou inorgânicos que incorporam esses íons, que passam a fazer parte de novas estruturas moleculares
Aditivo anti-freese	Monoetileno-glicol	1	Evitar o congelamento diferencial da água contida na tinta durante o armazenamento, o que afetaria a homogeneidade da solução, mesmo depois da volta às temperaturas maiores (não é, em geral, o caso brasileiro)
Corpo da fase contínua	Água destilada	30	Formar a fase dispersante da emulsão e evaporar após a aplicação da tinta.

Em paredes a serem pintadas, cuja superfície esteja mofada ou contaminada, é essencial que se proceda uma cuidadosa remoção e destruição completa deste organismos, antes da aplicação da tinta. Um método eficaz é a utilização do fogo, – com um maçarico de encanador queimar toda a região afetada e em seguida escovar cuidadosamente a superfície com escova de piaçaba.

De um modo bastante geral, podemos dizer que as qualidades exigidas dessas tintas são:

    a) Impermeabilidade – não deve transportar umidade;
    b) Resistências às intempéries, desbotamento, mudança de tonalidade;
    c) Aderência – ter aderência própria, não se deve usar cola, sal, pois altera as qualidades;
    d) Flexibilidade – se a tinta for rígida, ela irá fissurar quando a parede alterar suas dimensões;
    e) Resistência a agentes químicos que são utilizados na limpeza;
    f) Bom rendimento.

TINTAS DILUÍVEIS EM SOLVENTES

Tinta a óleo – as tintas a óleo são os materiais clássicos para a maioria dos casos de pintura e não foram ainda ultrapassadas.

As tintas a óleo produzem uma película impermeável brilhante e relativamente duradoura, com boa cobertura e resistência às intempéries, excelente conservação da flexibilidade da película e serve para qualquer tipo de superfície, depois que esta tenha sido devidamente preparada. Formam ainda excelentes superfícies para repintura. Essas virtudes as fazem de difícil substituição em pinturas comuns. As tintas compõem-se de veículos, solventes, secantes, pigmentos reforçadores e cargas. Os veículos são óleos secativos, isto é, quando expostos no ar em finas camadas, formam uma película útil sólida, relativamente flexível e resistente, aderente à superfície e aglutinante do pigmento. Quimicamente seus constituintes principais são ésteres derivados de ácidos graxos insaturados e glicerina que, em contato com o oxigênio do ar resulta em grupo hidroxila. Essa forma pode polimerizar ou condensar-se para formar uma película plástica de ligações cruzadas.

Os principais tipos de óleos naturais secativos ou transformáveis em secativos, utilizados na fabricação de tintas são: óleo de linhaça, de tungue, de soja, de mamona e de oiticica. Os pigmentos são escolhidos geralmente para conferir à pintura a cor desejada e para proporcionar um equilíbrio nas propriedades do filme que vai assegurar uma superfície apropriada para a repintura. Certos pigmentos são escolhidos pelas suas propriedades específicas, por exemplo zarcão. Tintas com pó de zinco ou óxido de zinco são as preferidas para a imprimação de ferro galvanizado, devido às suas propriedades adesivas. O pó de zinco age eletroquimicamente para evitar a corrosão de um metal mais nobre.

SOLVENTES

A função dos solventes é a de baixar a viscosidade do veículo, de maneira a facilitar a aplicação da tinta em cada caso particular.

As duas propriedades mais importantes de um solvente são solvência e volatilidade.

O termo solvência é utilizado para cobrir uma série de efeitos: maior ou menor facilidade para dissolver os vários óleos e resinas empregadas, a alta e ou baixa viscosi-

Tabela 9.6 – Composições típicas dos óleos

ÁCIDOS %	DUPLAS LIGAÇÕES	ÓLEO LINHAÇA	ÓLEO TUNGUE	ÓLEO PERILA	ÓLEO SOJA	ÓLEO GIRASSOL
Esteárico	0	5,2	5,2	1,2	7,2	4,2	1,5
Oléico	1	14,7	9,9	13,6	3,7	32,0	24,6
Linoléico	2	39,4	40,7	....	41,9	49,3	63,0
Linolênico	3	35,7	39,2	....	41,7	2,2	0,14
Oleosteárico	3	....	....	72,8	....	....	....
Palmítico	0	....	....	3,7	....	6,5	3,9
Mirístico	0	....	....	....	....	....	0,04
Araquídico	0	....	....	....	....	0,7	0,4
Radical glicerÍl	...	4,6	4,6	4,4	4,6	4,6	4,6

ÁCIDOS	DUPLAS LIGAÇÕES	ÓLEO NOGUEIRA	ÓLEO PEIXE	ÓLEO MAMONA	ÓLEO OLIVA	ÓLEO COCO	ÓLEO OITICICA
Esteárico	0	0,9	....	2,5	2,3	2,8	10,7
Oléico	1	16,9	24,0	7,0	84,0	5,7	5,9
Linoléico	2	69,7	19,0	3,5	4,6	0,9	....
Linolênico	3	3,1	....	....	....	....	....
Licânico	3	....	....	....	....	....	78,2
Clupanodônico	5	....	17,2	....	....	....	....
Ricinoléico	1	....	....	80,0	....	....	....
Palmítico	0	4,4	10,5	....	6,9	7,2	....
Mirístico	0	0,01	7,7	....	traços	18,0	....
Láurico	0	....	....	....	....	50,0	....
Cáprico	0	....	....	....	....	4,2	....
Caprílico	0	....	....	....	....	9,1	....
Capróico	0	0,01	....	....	0,1	traços	....
Dihidroxiesteárico	0	....	....	1 – 2	....	....	....
Palmitoléico	1	....	16,3	....	....	....	....
Radical glicerÍl	...	4,6	4,6	4,6	4,8	5,4	5,2

dade das soluções obtidas comparadas com outros solventes e também a quantidade de não solvente que pode ser tolerado sem que haja precipitações.

A volatilidade de um solvente é normalmente julgada pela velocidade de evaporação. Essa velocidade deve ser escolhida de maneira a atender às necessidades do método de aplicação escolhido. O solvente mais antigo usado em tintas a óleo é o aguarrás ou essência de terebentina. É bom lembrar que a aguarrás diminui a resistência da tinta, assim como diminui o seu brilho, podendo ficar fosca se for usada grande quantidade (relativa). Os solventes mais conhecidos são derivados do petróleo, como gasolina, aguarrás, querozene, benzina.

SECANTES

Secantes são catalisadores da absorção química do oxigênio, e portanto, do processo de secagem. São constituídos geralmente de sabões, resinas ou naftas, cobalto, manganês e vanádio. As quantidades variam de 0,05 a 0,20%.

Quantidades excessivas de secantes ocasionam películas duras e quebradiças. Os secantes para uso variado mais conhecidos são: óxido de chumbo, peróxido de manganês e óxido de zinco.

Pintura

Tabela 9.7 – Tipos de solventes voláteis

CATEGORIA	EXEMPLOS
Solventes de petróleo	Gasolina, nafta, espíritos minerais (aguarrás minerais), querosene, benzina
Hidrocarbonetos aromáticos	Benzol, tolueno, xileno, nafta de alto ponto de fulgor.
Solventes terpene	Turpetina dipenteno
Nitro-parafinas	Nitrometano, nitroetano, 1 - nitropropano, 2 - nitropropano
Solventes clorados	Tetracloreto de carbono, tricloroetileno, percloroetileno, dicloroetileno, tetracloroetano
Solventes oxigenados:	
– álcoois	Álcool metílico, etílico, isopropílico, n-butílico, sec-butílico
– ésteres	Acetato de etila, acetato de n-butila, acetato de sec-butila, acetato de sec-amila
– cetonas	Acetona, metil-etil cetona, metil-isobutil cetona, ciclohexanona
diversos	Lactato de butila

PIGMENTOS

Os pigmentos reforçadores e cargas são materiais que podem melhorar as propriedades de uma tinta, apesar de possuirem baixo poder de cobertura.

Podem servir para preencher os vazios no sistema película-pigmento e melhorar as propriedades da tinta quanto a sua aplicação.

CARGAS

As cargas são geralmente mais baratas que os pigmentos, mas é um erro pensar-se, como vimos, que elas são usadas unicamente pelo seu baixo preço.

TINTA À BASE DE ÓLEO

Aplicação – na aplicação da tinta a base de óleo, existe um ritual a ser seguido: temos dois tipos de aplicação, ou seja, pintura simples e pintura fina.

PINTURA SIMPLES DE ÓLEO

A pintura simples não exisge aparelhamento, simplesmente lixar a superfície para a remoção dos grãos da areia que foram segregados pelo desempeno, escovar para tirar o pó. Passar uma ou duas demãos de líquido impermeabilizante (resina vegetal que impede a absorção do óleo pelo revestimento); isto justifica-se, pois o líquido impermeabilizante é mais barato que a tinta a óleo e conseqüentemente evitaria a aplicação de muitas demãos de tinta para evitar trabalho. Em seguida a aplicação da tinta propriamente dita, que poderá ser com trincha, rolo de pêlo de carneiro ou revólver.

Quando feita com trincha, tomar cuidado para que os pêlos não se soltem, para tanto diminuir o comprimento dos pêlos amarrando a metade do seu comprimento com uma tira de pano e sempre na seqüência das demãos mudar o sentido de aplicação, horizontal e vertical, alternadamente. Esse tipo de pintura dá como acabamento uma superfície muito brilhante que realça os defeitos do revestimento devido o brilho do óleo de linhaça. Pode-se aumentar a carga da tinta introduzindo alvaiade ou gesso e, depois de aplicada, bate-se com escova, dando um acabamento texturado (como chapisco). Outra alternativa utilizada para quebrar o brilho do óleo de linhança é a introdução de pequena quantidade de aguarrás.

PINTURA FINA DE ÓLEO

Pintura fina – a seqüência é: lixar e escovar como foi descrito anteriormente. Aplicar o líquido impermeabilizante com a finalidade de diminuir a absorção do óleo pelo revestimento. Aplicar a massa plástica constituída de gesso-cré e alvaiade na proporção de 1.1, adicionar óleo de linhaça e aguarrás, também em proporções iguais assim como secante é introduzido para que endureça depois de aplicado.

A aplicação é feita com espátula larga ou com desempenadeira de aço. Após a secagem, passar uma lixa fina; se existir ainda algum defeito, corrigir com nova demão de massa, lixar novamente, tirar o pó, e em seguida aplicar a tinta em 3 demãos.

TINTA A ÓLEO EM MADEIRA

Quando se trata de aplicação da tinta óleo em madeira, o tratamento é o mesmo descrito para o revestimento de argamassa, com o início de aplicação de uma demão de óleo de linhaça pura, deixar secar e lixar para que as felpas da madeira sejam retiradas pelo lixamento e em seguida emassar, lixar e passar tinta. Como se pode observar, aqui não há necessidade de utilização do líquido impermeabilizante.

TINTAS EM PEÇAS METÁLICAS

Em peças metálicas, ou melhor em caixilhos de ferro, é necessário seguir a seguinte seqüência: lixar as peças, remover o pó, aplicar uma ou duas demãos de tinta a base de zarcão para imunização da ferrugem. Hoje já existem produtos que não são tintas preventivas, mas líquidos que reagem com o óxido de ferro incorporando-se ao próprio ferro, criando uma barreira à oxidação. Aplicado o zarcão ou "líquido imunizante", se quizermos um acabamento simples, é só lixar a tinta de zarcão e aplicar a tinta. Se quizermos um acabamento mais fino, aplicamos a massa plástica, esperamos secar, lixamos e aplicamos a tinta a base de óleo. Também é utilizada a aplicação de tinta grafite ou purpurina, que não invalida o aparelhamento discreto, pois a aplicação da tinta é sempre a última etapa.

Quando se trata de recobrir uma superfície já pintada, onde já existem muitas camadas sobrepostas, há necessidade da remoção dessas camadas, que se consegue da seguinte maneira:

    a) revestimento de argamassa – utilizar o fogo através do maçarico e espátula e escova de aço;

    b) madeira – solução de soda cáustica, após a remoção lavar com água limpa;

    c) superfície de ferro – lixamento.

Em geral, as tintas a óleo não devem ser aplicadas a temperaturas inferiores a 10°C ou com umidade relativa do ar superior a 85%.

VERNIZES NATURAIS

A goma laca é uma das poucas resinas naturais ainda usadas em alguma quantidade na indústria de pintura, apesar de que algumas outras resinas, como o breu, são usadas como matéria-prima na indústria química.

Tabela 9.8 – Formulações simples de tintas a óleo

TIPO DE TINTAS	COMPONENTE	PARTES EM VOLUME
1) TINTAS BRILHANTES: Tintas brancas ou de fundo brancas.	Óleo de linhaça Aguarrás Alvaiade de zinco ou litipônio Secante	3 1 4 60 g/gal.
2) TINTAS BRILHANTES: Tintas escuras	Óleo de linhaça Aguarrás Secante Corante	3 1 120 g/gal. a critério do pintor
3) TINTAS FOSCAS: Tintas brancas ou de fundo brancas	Óleo de linhaça Aguarrás Alvaiade de zinco ou litopônio Secante	2 2 4 60 g/gal.
4) TINTAS FOSCAS: Tintas escuras	Óleo de linhaça Aguarrás Secante Corante	1 1 120 g/gal. a critério do pintor

Obs.: Acrescentar mais secante, se necessário.

A goma laca é usada no acabamento de madeira, onde sua cor agradável e boa conservação da cor, aliada ao fato de ser fácil a renovação e reparação do recobrimento. Os solventes mais comuns são o álcool e o aguarrás.

Os vernizes à base de álcool são transparentes, podem ser incolores e secam rapidamente. O método de aplicação mais apropriado é a "boneca", que é feita tomando-se um pedaço de pano limpo, de preferência macio, e com o mesmo envolve-se um chumaço de algodão. Enverniza-se com a "boneca" molhando-a levemente com o verniz e passando sobre a superfície sempre na mesma direção, passando diversas demãos bastante finas, para se evitar camadas grossas e irregulares. Quando não se quer que apareça a cor da madeira com seus frisos, aplica-se anteriormente velatura escura. No caso de ser necessária a remoção do envernizamento de qualquer peça, podem ser usados removedores à base de amoníaco ou soda cáustica.

Os veículos acima citados com pigmentos dão origem a esmaltes, usados em paredes lisas em caixilhos, esmaltamento de pisos e soalhos interiores, com amplas variedades de acabamento.

VERNIZES DE RESINAS ALQUÍDICAS

Estes materiais podem ser considerados como sendo de óleo resinoso, com algumas propriedades diferentes, como a excelente resistência aos agentes atmosféricos, boa dureza e adesão, flexibilidade e facilidade de aplicação. São resultantes da reação de um álcool polihidroxilado e um ácido polibásico. É muito aplicado em acabamentos de maquinárias e veículos automotivos. Um acabamento mais econômico é conseguido com a adição de tinta óleo resinosa ao esmalte sintético, resultando o chamado meio esmalte. A mistura deverá ser feita na base de 2 a 3 partes de esmalte sintético para 1 parte de tinta óleo resinosa fosca.

LACAS

As lacas são compostas de um veículo volátil, resina sintética, plastificante, cargas e ocasionalmente um corante, geralmente com secagem rápida. As resinas que entram na composição de lacas caracterizam-se por sua dureza. A primeira laca fabricada em grande escala foi obtida dissolvendo a resina nitrocelulose em um dissolvente adequado. O acetato de celulose também é freqüentemente usado. Os solventes normalmente empregados são éteres (acetato de amila), cetonas e álcoois.

As cargas são diluentes ou redutores de viscosidade, líquidos de baixo custo, geralmente não solventes das resinas. São adicionadas para diminuir a viscosidade do meio. Usam-se comumente hidrocarburetos e álcoois. Os plastificantes são adicionados para dar películas não totalmente rígidas. Como plastificante é empregado o óleo de mamona.

Devido ao fato de que os filmes da laca secam completamente pela evaporação do solvente, quaisquer velocidades de secagem desejadas podem ser obtidas pela escolha dos solventes adequados. A laca exige severos cuidados durante sua manipulação, devido ser altamente inflamável.

Devido a sua rápida secagem, as lacas são aplicadas por meio de revólver (spray).

BETUMES

Os materiais betuminosos têm emprego na Construção Civil, como produtos de estanqueidade ou como tintas protetivas de baixo custo, principalmente contra a ação da umidade.

A característica de serem quimicamente inertes, tornam os betumes indicados para o emprego em recobrimentos para a proteção de tubulações de chumbo, zinco, da ação química de cal liberada pelas argamassas. Tem boa resistência à umidade, álcoois e ácidos.

Revestimentos de lajes de cobertura podem ser executados com soluções de asfaltos, que podem conter asbestos ou outro enchimento inerte. Os betumes estão entre os revestimentos mais baratos dos disponíveis no mercado e são amplamente usados em coberturas, reservatórios de água e revestimentos externos de subsolos. Revestimentos executados com tintas ao calor e não resistente à maioria dos solventes comuns, limitam sua aplicação. Com a adição de cargas, os revestimentos ganham corpo e reduzem sua tendência de derreter com a elevação da temperatura.

Com a incorporação de óleos ou resinas, obtemos revestimentos escuros brilhantes, com excelentes resistência a ácidos, álcalis e produtos químicos, com sensível melhora da resistência a solventes e ao calor.

RESINAS SINTÉTICAS EM SOLUÇÃO

Apesar de que muitos dos materiais deste grupo contêm em seus veículos uma certa quantidade de óleos, suas propriedades são marcantes por determinadas resinas.

RESINAS VINÍLICAS

Estas resinas, contendo a ligação vinílica, formam uma grande classe de materiais. As principais são: cloreto de vinila e o acetato de vinila.

Em geral, os compostos vinílicos são caracterizados pela alta resistência a produtos químicos e a solventes, boa durabilidade, odor e aroma neutros. Esta última propriedade fazem elas populares para serviços de pintura e recolhimentos. O cloreto de vinila polimerizando-se, gera o conhecido PVC, que é o cloreto de polivinila. A película obtida com tinta a base de PVC possui excelente resistência a álcalis fortes, óleos e gorduras minerais, bem como a umidade e maresia.

Não resiste a solventes aromáticos, a ácidos e à água oxigenada. Quanto ao acetato de vinila, seu enorme campo de aplicação em pinturas está diretamente relacionado com o seu emprego na forma de emulsão.

BORRACHA SINTÉTICA

De maneira geral, os revestimentos à base de borracha sintética em solução caracterizam-se pela elasticidade.

RECOBRIMENTO DE NEOPRENE

São notáveis por sua resistência química e são amplamente usados em revestimentos de manutenção de indústria química.

Outras borrachas, como as butílicas, emprestam suas propriedades às pinturas exteriores, particularmente em alvenaria. Recobrimento de alvenaria, argamassa e pisos esportivos em interiores também podem ser feitos com esses produtos, sendo indicado onde seja requerida resistência à umidade, a produtos químicos e onde se deseja cobrir fissuras capilares. Geralmente são aplicados a frio.

BORRACHA CLORADA

Esta categoria de recobrimentos é usada para propósitos especiais, como por exemplo onde a contaminação de micro-organismos pode constituir-se em um problema (indústria de alimento, bebidas, hospitais etc.), onde se deseja baixa permeabilidade a água e ao vapor de água ou onde se deseja dureza e resistência a agentes químicos. A relativamente fraca solubilidade desse material requer solventes fortes para diluir e limpar ferramentas, limitando assim seu uso mais específico, além do que sua durabilidade em exterior não é muito boa.

Suas propriedades também fazem elas úteis como revestimento de tanques e piscinas, uma vez que a água protegerá o revestimento dos raios ultra-violetas e prolongará sua vida útil. Borracha clorada perde resistência em contato com solventes aromáticos como benzol, tolineno, xilmo, etc. Pode-se variar o número de demãos de tinta para alcançar a espessura desejada, de acordo com a finalidade específica, desde que se observe o tempo de 48 horas entre as demãos, para não alterar a polimerização da demão anterior. A cura da película completar-se-á em 6 dias após a aplicação da última demão.

RESINAS DE URÉIA E MELAMINA

As resinas de uréia e resinas de melamina são conhecidas como polímeros aminoplásticos, são obtidos pela reação da uréia ou da melamina com o formaldeido. São inodoros, insípidos e não tóxicos e apresentam resistência mecânicas. As resinas desses grupos são raramente usadas como componentes de veículos isoladamente. Quase sempre elas são plastificadas com alguma resina alquídica, normalmente do tipo não secativo. As resinas de uréia e melamina são notáveis pela dureza e retenção da cor, oferecendo maior semelhança aos esmaltes vítreos nos revestimentos de metais.

Essas resinas curam através de uma reação química que não se processa à temperatura ambiente, requerendo calor ou a presença de um catalisador. Em geral são usadas em acabamentos a quente, muitas vezes requerendo altas temperaturas para cura completa.

Para superfícies de madeira são também disponíveis, podendo ser curadas a baixa temperaturas, abaixo do limite de aquecimento para objetos de madeira.

As resinas de uréia e melamina são materiais preferidos onde uma ótima conservação da cor, combinada com dureza do filme e resistência química, são requeridas. Desse modo, os filmes carecem de boa flexibilidade, que pode ser obtida com a adição de um plastificante.

Entretanto, o ganho da flexibilidade será às expensas da perda de outras propriedades desejadas.

RESINA EPÓXI

No sentido amplo, o termo epóxi refere-se ao grupo químico constituído de um átomo de oxigênio ligado a dois átomos de carbono, já ligados entre si de alguma forma. São basicamente três tipos de resinas que interessam à tecnologia de recobrimento:

1) Resinas epóxi líquidas que curam a temperaturas ambientes desde 10ºC. Podem ser aplicadas em camadas espessas, acima de 2,5mm, em uma só aplicação.

Podem ser aplicados com solvente apropriado, pelo processo de nebulização (spray). Misturados com materiais betuminosos, formam excelentes impermeabilizantes em edifícios.

2) Resinas epóxi sólidas de baixo ponto de fusão, aplicadas a quente, à temperatura de 65 - 75ºC ou com solventes. São aplicadas em locais de serviço pesado ou de manutenção difícil, em revestimentos marítimos e em revestimentos de pisos.

3) Resinas epóxi a base de éter monocomponente, produzidas pela cura prévia das porções reativas da resina, juntamente com ácidos graxos.

Estas resinas secam e comportam-se como as alquídicas, mas elas são mais resistentes quimicamente.

Todos esses tipos de epóxi podem ser adicionados a outras resinas, resultando misturas mais rígidas ou mais flexíveis, com boa cor, resistência química e durabilidade. As resinas epóxi, em adição, mostram excelente adesão a diversos tipos de superfícies e oferecem uma das melhores combinações conhecidas de propriedades:

1) Tem baixa viscosidade inicial, facilitando sua aplicação;
2) Fácil e rápida cura, dependendo da seleção do agente de cura;
3) Baixa retração durante a cura;
4) Alta adesividade, não necessitando muito de grandes pressões.
5) Ótimas propriedades mecânicas;
6) Alto isolamento elétrico;
7) Boa resistência química, dependendo consideravelmente do agente de cura empregado.
8) Versatilidade.

Para o baixo desempenho das resinas epóxi em algumas aplicações, estão os seguintes motivos:

a) Escolha não apropriada da resina epóxi;
b) Aplicação incorreta;
c) A superfície não foi convenientemente preparada. As superfícies as quais as resinas epóxies serão aplicadas devem estar livre de sujeira, gorduras, silicone, lascas, escamas ou outras impurezas similares.

RESINAS DE SILICONE

Silicone é um nome genérico usado para designar uma extensa variedade de polímeros na forma de fluidos inertes, graxas, resinas rígidas, elastômeros, etc. Devido seu alto custo, são indicados apenas para finalidades especiais, onde nenhum outro material pode fazer o serviço. Suas características excepcionais são: resistência a alta temperatura e a repelência à água. Com a adição de pigmentos, encontramos esmaltes com grande variedades de cores, que resistem bem ao calor, mesmo acima de 260ºC, sem descascar, fundilhar ou empolar, e apresentam grande resistência à umidade e aos agentes atmosféricos.

RESINAS FENÓLICAS

São produtos utilizados para acabamento aplicados a quente, pois têm excelente adesão a metais, boa resistência química e alta resistência à abrasão. Essas resinas têm sido usadas para revestimentos de encanamentos e metais em geral. Sua principal desvantagem é quanto à cor desagradável e conservação de cor fraca: os filmes escurecem rapidamente, especialmente com aquecimento.

RESINAS DE POLIACRÍLICO

São derivados do ácido acrílico líquido incolor, cujo ponto de ebulição é 141ºC. Sua aplicação é utilizada como base de tintas acrílicas e base de acabamento de PVC. É de baixa solubilidade em solventes comuns, entretanto esta dificuldade é parcialmente contornada com a apresentação em forma de emulsão (látex acrílico), que possui melhor aderência do que os látexes à base de PVA.

Todos esses materiais, quando forem aplicados, devem ter sempre a orientação dos fabricantes quanto às finalidades requeridas, superfícies que irão receber, técnica de aplicação e conservação.

Capítulo 10
ORÇAMENTO

PREÇO UNITÁRIO

Para se organizar um orçamento, necessitamos de preços unitários de cada serviço é a quantificação dos materiais que o compõem.

Para determinarmos os preços unitários de cada serviço, precisamos dos preços de materiais, custo da hora de trabalho do operário (ou operários) que executa o referido serviço e a taxa de incidência sobre a mão-de-obra correspondente às Leis Sociais e Ferramentas e, por fim, a taxa que corresponde aos Benefícios e Despesas Indiretas.

Com esses elementos, compomos o que é chamado "preço unitário" de determinado serviço. Para se ter o custo desse serviço, necessitamos de quantificá-lo dentro da unidade de que foi feita a composição do preço unitário e multiplicar um pelo outro. A soma de todos os serviços nos fornece o orçamento da obra.

A composição de preços unitários é a base para as compras de materiais, pois dela sai as quantidades gastas por unidade de serviço. Exemplo: concreto simples, consumo de 300 kg de cimento por metro cúbico de concreto. Unidade em m^3.

Preparo: Cimento – 5 sacos (300 kg) x p.u.c.   = Cz$ C
           Areia $0,8m^3$ x p.u.a.   = Cz$ A
           Brita $0,8m^3$ x p.u.b.   = Cz$ B
           Servente 6 horas p.u./horas   = Cz$ M.O.
           Leis e Ferramentas 100%   = Cz$ L.S.

           Custo Total = pta, ptb, pth, L.S.

Tendo o volume em metros cúbicos do concreto que será utilizado na obra, teremos o total de sacos de cimento, os metros cúbicos de areia e os metros cúbicos de brita que serão gastos no total do concreto aplicado na obra, assim como o tempo gasto para preparar esse concreto. É, também, a partir da composição dos preços unitários que podemos organizar cronogramas de execução, Pert, CPM, etc., pois ele nos fornece o tempo gasto para cada serviço.

Enfim, a partir dele temos recursos para controlar, avaliar, apropriar gastos e consumo, tanto de material como de mão-de-obra.

TAXAS DAS LEIS SOCIAIS E FERRAMENTAS – L.S.F.

Em termos de coeficientes para composição de preços unitários, os serviços poderão ser distribuídos em três grupos distintos:

1) Serviço integralmente executados na própria obra, por exemplo: concreto, no qual o executante adquire os materiais básicos como areia, pedra, cimento no mercado e os aplica com a mão-de-obra própria.

2) Serviços resultantes de produtos industrializados, aliados à execução ou aplicação especializada, por exemplo: estacas pre-moldadas, que, se confeccionadas na obra, teriam seus custos elevados em demasia com relação aos preços do mercado.

3) Serviços executados exclusivamente por firmas especializadas, por exemplo: elevadores, para os quais, por conseqüência, não se pode determinar composições nem preço, nem sequer pretender-se sua execução.

Iremos nos preocupar somente com o primeiro grupo, onde os serviços são executados integralmente na obra. O coeficiente correspondente às Leis Sociais e Ferramentas, sigla L.S.F., é composto de:

A – Encargos sociais fundamentais:
B – Encargo base
C – Incidência de A sobre B, exclusive ferramentas.

As taxas que compõem o grupo A são:

I.A.P.A.S. – Instituto Administrativo e Financeiro da Previdência e Assistência Social	10,0%
F.G.T.S. – Fundo de Garantia por Tempo de Serviço	8,0%
Salário-família	4,0%
PIS, Programa de Integração Social	0,4%
13º salário	1,2%
Salário-maternidade	0,3%
Salário-educação	2,5%
INCRA – Instituto Nacional de Colonização e Reforma Agrária	0,2%
S.E.N.A.I., Serviço Nacional de Aprendizagem Industrial	1,0%
S.E.S.I., Serviço Social da Indústria	1,5%
Seguro	2,5%
Seconci – Serviço Social da Indústria da Construção do Mobiliário	1,0%
TOTAL	32,6%

Encargos base – B

Auxílio à enfermidade	1,83%
Parcela de complementação F.G.T.S.	0,80%
Repouso semanal remunerado	24,18%
Férias	9,52%
Aviso prévio	2,75%
13º salário	10,99%
SUB-TOTAL	50,07%
Ferramentas	5,00%

C – Incidência de A sobre B, exclusive ferramentas.   55,07%
32,6% x 50,05 = 16,32
Total da L.S.F. 16,32% + 50,07% + 32,6% + 5,0% = 102,99%

O aparecimento do 13º salário nos encargos sociais fundamentais, corresponde à contribuição à Previdência por parte dos empregadores, e o aparecimento do 13º salário nos encargos básicos é realmente o 13º salário. Para facilidade de cálculos, é que realmente se adota como taxa da L.S.F. 100% em vez de 102,99%, outros adotam 103%; não se tem uma taxa única da Leis Sociais e Ferramentas, assim como critério único de composição; todas as composições e taxas ficam em geral muito próximos umas das outras, com pouca variação.

TAXA DE BENEFÍCIOS E DESPESAS INDIRETAS – BDI

É composto dos seguintes itens:

Administração geral (escritório central)	5.60%
Administração local (na obra)	5.97%
Canteiro de serviço e equipamento	2.75%
Financiamento	2.75%
Bonificação	13.00%
TOTAL	30.07%

As Leis Sociais e Ferramentas incidem somente na mão-de-obra empregada ou aplicada. Os Benefícios e Despesas Indiretas incidem na soma de materiais, mão-de-obra, leis sociais do material aplicado.

Quando se prepara um material, por exemplo: argamassa, o BDI não é computado, mas a L.S.F. sim.

Capítulo 11
LESÕES DAS EDIFICAÇÕES

CONCEITO

Para iniciarmos a abordagem deste tópico, iremos procurar entender o que seja patologia e lesão.

Pelo "Novo Dicionário da Língua Portuguesa" do Aurélio Buarque de Holanda Ferreira:

Patologia – Parte da Medicina que se ocupa das doenças, suas origens, sintomas e natureza.

Lesão – Ato ou efeito de lesar. Pancada, contusão – Dano, prejuízo – Alteração de um órgão ou função de um indivíduo.

Em linguagem mais simples, entendemos que patologia das edificações é a parte da engenharia que estuda as causas, origens e natureza dos defeitos e falhas que surgem num edifício. Lesão – é o efeito, conseqüência final dos defeitos e falhas.

CATEGORIAS DE LESÕES

As principais lesões ou avarias que se apresentam nas obras, podem ser agrupadas nas 5 categorias seguintes:

1ª adaptação ou acomodação
2ª recalque
3ª compressão ou esmagamento
4ª rotação
5ª escorregamento

Precisamos esclarecer que, as lesões que se manifestam nos painéis de alvenaria, nem sempre tem uma única origem. Às vezes, são várias as causas que produzem um mesmo efeito, tornando então a tarefa de distinguí-las e classificar a sua natureza bastante difícil.

LESÃO POR ADAPTAÇÃO OU ACOMODAÇÃO

A lesão por adaptação ou acomodação, dá-se em conseqüência do assentamento definitivo que a estrutura de alvenaria toma, logo depois de concluída a obra.

Como a estrutura ou painel de alvenaria pode estar constituído por materiais de pouca espessura em relação a sua altura total, ligados entre si por meio de argamassa e descansam sobre terreno natural, seja diretamente ou por meio de artifício, cabe distinguir duas classes de acomodações: a) adaptação das argamassas
b) adaptação do plano de assentamento

Deve-se tomar cuidado com as espessuras da argamassa de junta que não deve ser exagerada. As pressões, capazes de produzir as desagregações, variam em razão inversa das espessuras das juntas.

x = número de juntas
d = espessura do elemento (tijolo, blocos, etc)
s = espessura das juntas
h = altura do painel

$$x = \frac{h}{d+s}$$

A acomodação do plano de assentamento, depende da natureza do terreno, sua resistência à compressão e da carga que sobre ele assenta. Resulta tanto menor quanto maior é a resistência do terreno, seja esta natural ou conseguida artificialmente por meio de oportunas obras de consolidação.

Essas lesões, que se caracterizam por manifestar-se imediatamente ou muito pouco tempo depois de concluídos determinados trabalhos de construção ou reconstrução, resultam tanto mais sensíveis quanto:

a) menos perfeita tenha sido a execução do painel
b) mais lenta tenha sido a aplicação da argamassa

Em todo caso, essas lesões são mais pronunciadas nos pontos mais solicitados e, conseqüentemente, fatigados da obra, ou seja:
Nos cantos ou ângulos dos painéis
Nas uniões dos painéis
Nas platibandas.

LESÃO POR RECALQUE

Tem lugar quando se rompe o equilíbrio entre o peso da obra e a resistência do terreno que o sustenta.

A falta de resistência do terreno deverá atribuir-se a:

a) imperícia na escolha do terreno suporte das fundações
b) defeitos na consolidação do plano de sustentação ou construção das fundações.
c) Infiltração no plano de assentamento (águas de tubulação do próprio edifício, desvio do lençol freático, etc.).
d) Considerável aumento de carga (eventual).

De modo geral, podemos dizer que as lesões produzidas por recalque podem ser: forma parabólica quando se verificam recalques em paredes de alvenaria sem aberturas de vãos (portas e janelas), sobre fundações contínuas (Fig.11.1).

Forma de parábola muito alongada ou deformada, quando se verificam recalques em paredes de alvenaria com vãos (janelas, portes), sobre fundações contínuas (Fig. 11.2).

LESÃO POR ESMAGAMENTO OU COMPRESSÃO

A lesão por esmagamento se verifica ou se constata quando os elementos, que compõem uma construção, sofrem o esmagamento, ficando eles subdivididos em dimensões bem maiores do que a sua forma inicial.

Lesões das edificações

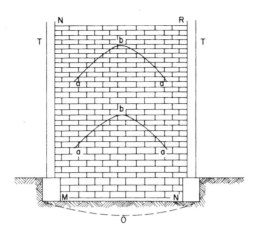

Figura 11.1

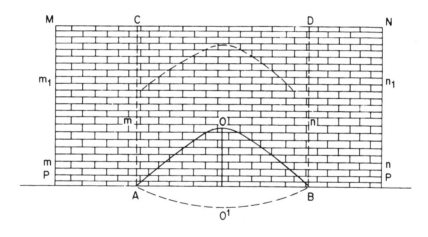

Figura 11.2

É produzida geralmente pelo excesso e concentração de carga sobre determinados pontos, que não oferecem ou que não tem resistência suficiente para receber essa sobrecarga.

Em um painel de alvenaria, os componentes têm resistência diferentes, que varia com sua forma, composição química, composição física (mistura), natureza, etc. Assim a argamassa tem várias resistências, conforme sua dosagem, e é diferente do tijolo comum de argila que, por sua vez, é diferente também do bloco de cimento, etc.

De um modo geral, a lesão por esmagamento se processa sob três estados perfeitamente distintos, a saber:

1º estado – Desagregação dos elementos, argamassa, tijolo, bloco, pedra, etc.

2º estado – Ruptura do material, tijolo, bloco e pedra, etc.

3º estado – Esmagamento completo e ruptura de ambos os elementos: argamassa com tijolo, bloco, pedras, etc.

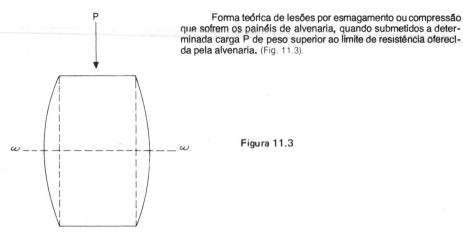

Forma teórica de lesões por esmagamento ou compressão que sofrem os painéis de alvenaria, quando submetidos a determinada carga P de peso superior ao limite de resistência oferecida pela alvenaria. (Fig. 11.3).

Figura 11.3

LESÃO POR ROTAÇÃO

Quando a parede de alvenaria se afasta ou sofre um desvio do plano vertical segundo o qual ela foi construída, dá-se a lesão por rotação. Tal desvio se manifesta por uma ruptura bem visível, de forma angular, dito ângulo de rotação. A causa que determina essa rotação, é sempre proveniente de um abalo, choque ou recalque de estaca isolada ou estacas de um bloco. Qualquer força que age lateralmente ao edifício pode ocasionar a rotação de uma das suas partes, podendo resultar daí um recalque do seu plano de fundação e vice-versa; se houver um recalque de um ângulo contrário ao plano de fundação, é ocasionada no edifício uma rotação. De um modo geral, a rotação pode ocasionar:

a) Lesões semelhantes ao arco parabólico sobre as paredes de alvenaria encaixadas normalmente àquela que gira, com fendilhamentos ou trincas de direção voltadas para o painel que sofre deslocamento ou rotação, ponto do seu plano original (Fig. 11.4).

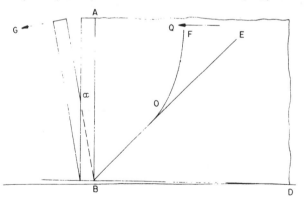

Figura 11.4

Painel AB desloca-se para G. Determina, no painel BD perpendicularmente a AB, uma lesão EB segundo a curva FOB.

b) Fendas na zona junto á ligação ou união entre o painel que sofre movimento de rotação ou deslocamento e o painel a ele normalmente encaixada (Fig. 11.5).

Lesões das edificações

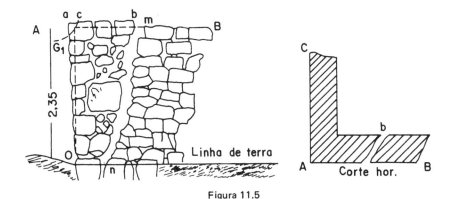

Figura 11.5

LESÃO POR ESCORREGAMENTO DO PLANO DE ASSENTAMENTO

A lesão por escorregamento do plano de assentamento se dá quando o leito do terreno, sobre o qual foi executada a fundação do edifício, sofre um movimento, ou melhor um deslizamento, para um plano imediatamente inferior; tal fenômeno é muito comum em terrenos de formação argilo-siltosa ou silto-argilosa úmidas ou com lençol freático próximo. Esses fenômenos são parecidos com a vassoroca ou bossoroca que, em certas regiões do Estado de São Paulo, são muito comuns.

TRINCAS E SUAS CAUSAS EM VIGAS, PILARES E LAJES DE CONCRETO-ARMADO.

1) Falta de armadura ou insuficiência da mesma no apoio (armadura negativa).

Figura 11.6

2) Dimensão insuficiente da seção no apoio para resitir ao momento negativo.

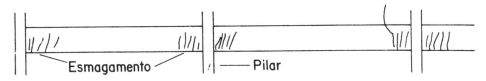

Figura 11.7

3) Falta ou insuficiência de armadura para resistir ao cizalhamento no apoio.

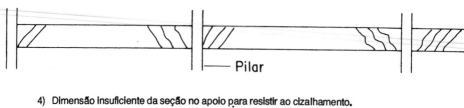

4) Dimensão insuficiente da seção no apoio para resistir ao cizalhamento.

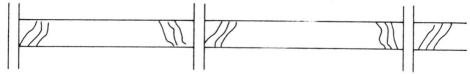

Figura 11.9

5) Falta ou insuficiência de armadura positiva no meio do vão da viga.

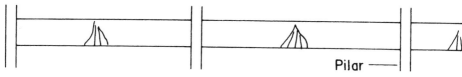

Figura 11.10

6) Dimensão insuficiente da seção no meio do vão para resistir à compressão causada pelo momento positivo.

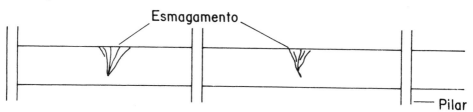

Figura 11.11

TRINCAS EM PILARES

1) Trinca causada por insuficiência ou falta de armação ou de seção de concreto.

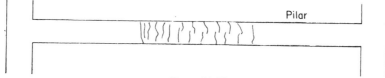

Figura 11.12

Lesões das edificações 175

2) Trinca causada por insuficiência ou falta de estribos; armação longitudinal rompe, o concreto flamba.

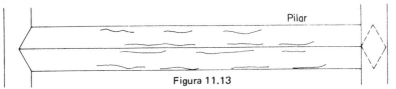

Figura 11.13

3) Trinca causada por flambagem do pilar no meio da altura (pé direito).

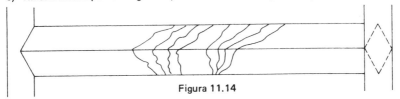

Figura 11.14

4) Trinca causada por flambagem nos pontos de engaste (no pé e na cabeça do pilar).

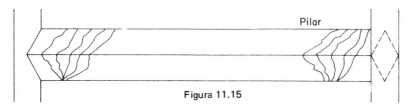

Figura 11.15

5) Trinca causada por tração no pilar, quando passa a trabalhar como tirante, sem estar para isto dimensionado.

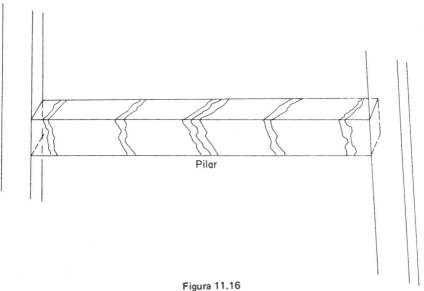

Figura 11.16

TRINCAS EM LAJES

1) Trinca causada por insuficiência de armação negativa.

Figura 11.17

2) Trinca causada por espessura de laje insuficiente nos apoios.

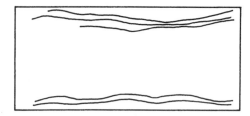

Figura 11.18

3) Trinca causada por insuficiência de armação positiva.

Figura 11.19

4) Trinca causada por espessura insuficiente no meio do vão.

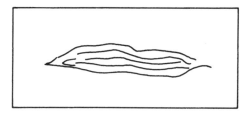

Figura 11.20

Lesões das edificações   **177**

5) Trinca causada por insuficiência de espessura ou armação para cizalhamento nos apoios.

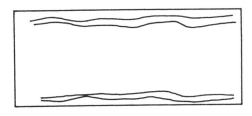

Figura 11.21

6) Trinca causada por falta de armação nos cantos para absorver momentos volventes, negativa por cima e positiva por baixo.

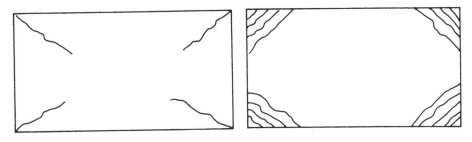

Figura 11.22   Figura 11.23

TRINCAS CAUSADAS POR RETRAÇÃO DO CONCRETO (TENSÕES CAPILARES POR EVAPORAÇÃO DA ÁGUA E UTILIZAÇÃO DA MESMA NAS REAÇÕES DO CIMENTO E REAÇÕES QUÍMICAS).

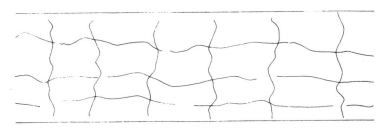

Figura 11.24

TRINCAS CAUSADAS POR VARIAÇÃO DE TEMPERATURA (RETRAÇÃO E ALONGAMENTO DA ESTRUTURA).

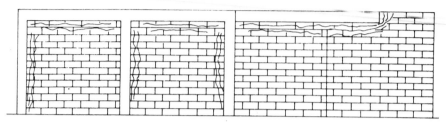

Figura 11.25

TRINCAS CAUSADAS POR APOIO DE LAJES EM PLATIBANDAS OU ESTRUTURA DE MADEIRA, TELHAS OU CALHAS NA ALVENARIA OU PLATIBANDA.

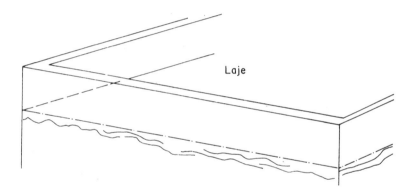

Figura 11.26

GRÁFICA PAYM
Tel. [11] 4392-3344
paym@graficapaym.com.br